LEÇONS DE CHIMIE

(MÉTAUX, CHIMIE ORGANIQUE)

Les **LEÇONS DE CHIMIE** de Mlle L'huillier comprennent deux parties :

TOME I : **Métalloïdes,** à l'usage des élèves de *Troisième* et de *Quatrième Année* de l'enseignement secondaire des Jeunes filles, avec des compléments en petits caractères intéressant les Aspirantes au Brevet supérieur. — Relié toile. . . . . 1 fr. 50

TOME II : **Métaux et Chimie organique,** à l'usage des élèves de *Cinquième Année* de l'enseignement secondaire des Jeunes filles, avec des compléments en petits caractères intéressant les Aspirantes au Brevet supérieur. Relié toile . . . . 1 fr. 75

On vend aussi :

TOMES I et II réunis en un volume relié toile . . . . 3 fr.

LEÇONS

DE

CHIMIE

(MÉTAUX, CHIMIE ORGANIQUE)

A L'USAGE

DES ÉLÈVES DE CINQUIÈME ANNÉE
DE L'ENSEIGNEMENT SECONDAIRE DES JEUNES FILLES

ET DES

Aspirantes au Brevet supérieur

PAR

Mlle L. L'HUILLIER

ANCIENNE ÉLÈVE DE L'ÉCOLE DE SÈVRES,
AGRÉGÉE DE L'ENSEIGNEMENT SECONDAIRE DES JEUNES FILLES,
PROFESSEUR DE SCIENCES AU LYCÉE SÉVIGNÉ, A CHARLEVILLE

PARIS

LIBRAIRIE NONY & Cie

17, RUE DES ÉCOLES, 17

1898

PROGRAMME DE LA CLASSE DE 5ᵉ ANNÉE

(Arrêté du 27 juillet 1897.)

CHIMIE

Potasse, soude. — Sel marin.

Chaux. — Carbonate et sulfate de calcium.

Propriétés essentielles des principaux métaux usuels.

Composition élémentaire des matières organiques.

Alcool. — Éther. — Fermentations (vin, bière, cidre).

Glycérine. — Corps gras.

Sucres, amidon, cellulose.

Acide acétique. — Acide oxalique.

Notions sur les alcalis organiques.

---

*Extrait du rapport sur les modifications apportées
au programme.*

La suppression de la silice, des notions sur les acides, les métaux, les bases, les sels, les matières organiques, qui figuraient en 3ᵉ année, ramène la première partie du cours à une étude surtout descriptive des corps principaux choisis parmi les métalloïdes et leurs composés.

Plusieurs paragraphes, plus loin, ont été supprimés : poudre, sels de chaux (sauf le carbonate et le sulfate), alumine, poteries, verres.

On a remplacé l'étude détaillée des métaux par ces mots : « propriétés essentielles des principaux métaux usuels ».

L'examen des méthodes métallurgiques ne devra pas entrer dans l'enseignement, ces méthodes étant constamment variables et leur théorie presque toujours difficile et incertaine.

L'étude des matières organiques a été ramenée à l'examen sommaire des propriétés et de la préparation de quelques corps très importants.

Tout ce qui touche aux théories concernant la constitution des matières organiques a été supprimé. Si des notions de chimie sont propres à exercer le jugement et l'esprit critique des jeunes filles, on risquerait de dépasser le but en leur imposant l'étude de théories séduisantes, il est vrai, mais encore incomplètement arrêtées, et en voie de continuel perfectionnement.

Note. — Beaucoup d'élèves de 5ᵉ année préparant l'examen du brevet supérieur, un certain nombre de corps supprimés dans le nouveau programme des lycées mais figurant dans celui du brevet ont été étudiés au moins sommairement ; ils ont été imprimés en caractères plus petits. Il en est de même pour quelques compléments qui ont paru pouvoir être utiles à celles des élèves qui ne veulent pas se borner strictement à l'étude des matières inscrites à leur programme.

LEÇONS DE CHIMIE

(MÉTAUX, CHIMIE ORGANIQUE)

MÉTAUX

CHAPITRE I

GÉNÉRALITÉS SUR LES MÉTAUX

1. Propriétés caractéristiques. — Les métaux sont des corps simples qui possèdent, quand ils sont polis, un éclat particulier appelé éclat métallique ; ils sont bons conducteurs de la chaleur et de l'électricité, et se laissent généralement étirer en fils ou réduire en lames.

Quand on les isole de leurs combinaisons avec les métalloïdes par l'action du courant électrique, ils se portent sur l'électrode négative; ils sont donc *électro-positifs* par rapport aux métalloïdes.

Ces caractères physiques ne permettent pas de séparer nettement les métaux des métalloïdes, car le charbon de cornues est bon conducteur, l'iode, l'arsenic, l'antimoine ont l'éclat métallique, tandis que la plupart des métaux sont ternes quand ils sont en poudre.

On convient de ranger dans les métaux les corps qui, en se combinant avec l'oxygène, donnent au moins un composé basique, c'est-à-dire capable de réagir sur les acides pour former des sels Les oxydes des métalloïdes, au contraire, sont ou des corps neutres ou, le plus souvent, des anhydrides.

De plus, les métaux ne s'unissent pas à l'hydrogène, ou forment avec lui des composés solides et peu stables.

La distinction entre métalloïdes et métaux n'en est pas moins artificielle et destinée à disparaître ; elle n'a d'autre utilité que de faciliter l'étude des corps en groupant ceux qui présentent le plus d'analogies chimiques.

2. Propriétés physiques. — Les métaux sont tous solides, sauf le mercure, qui est liquide à la température ordinaire.

Couleur. — La plupart des métaux, quand ils sont polis, sont d'un blanc plus ou moins pur ; quelques-uns sont colorés, comme le cuivre qui est rouge, l'or qui est jaune. Mais la couleur que nous connaissons aux métaux n'est pas la couleur réelle de ces corps, c'est-à-dire celle qu'ils diffusent ; leur pouvoir réflecteur étant considérable, la lumière blanche qu'ils réfléchissent prédomine sur la lumière diffusée, et la rend difficilement appréciable ; ce n'est qu'après plusieurs réflexions successives de la lumière à leur surface que, la proportion de lumière diffusée augmentant, leur couleur vraie apparaît, et après dix réflexions l'argent paraît d'un jaune pur, le fer violet, le zinc bleu indigo, l'or rouge, le cuivre rouge écarlate.

Densité. — La densité des métaux est très variable ; sauf le lithium, le potassium et le sodium, ils sont tous plus lourds que l'eau. Le plus souvent, la densité augmente par le martelage ou le laminage ; ainsi la densité du fer forgé est 7,70, celle du fer fondu n'étant que 7,21.

Fusion. — Tous les métaux fondent à des températures plus ou moins élevées, le mercure à — 40°, l'étain à 228°, le fer à 1500°, le platine seulement au chalumeau à oxygène et à gaz d'éclairage.

Volatilisation. — Ils ont tous pu être volatilisés : le plomb, l'argent, l'or, le cuivre émettent des vapeurs quand on les chauffe au-dessus de leur point de fusion ; quelques-uns entrent en ébullition à une température suffisamment élevée : le mercure à 360°, le zinc à 930°.

Conductibilité. — De tous les métaux, l'argent est celui qui conduit le mieux la chaleur ; dans les applications usuelles on emploie plutôt le cuivre, qui est aussi très bon conducteur et qui coûte moins cher.

La conductibilité pour l'électricité est du même ordre que pour la chaleur ; c'est pourquoi les fils de cuivre sont surtout employés comme conducteurs dans les appareils électriques.

Dureté. — Un métal est d'autant plus *dur* qu'il se laisse rayer moins facilement : le manganèse raye l'acier trempé, tandis que le plomb, le potassium sont rayés par l'ongle.

Ténacité. — Un métal est d'autant plus *tenace* qu'il offre plus de résistance à la rupture : il faut pour rompre un fil de fer de 1 millimètre de diamètre, une charge de 62^{kg},3, tandis qu'un fil de plomb de même diamètre rompt sous une charge de 2^{kg},4.

Malléabilité. — On dit qu'un métal est *malléable* quand il se réduit en feuilles minces sous l'action du marteau ou du *laminoir*. Un laminoir se compose de deux cylindres d'acier tournant en sens contraire (*fig.* 1) ; après avoir aminci l'extrémité d'une barre de métal, on l'engage entre ces deux cylindres qui l'entraînent dans leur marche en l'aplatissant; au moyen de vis de pression on peut rapprocher les cylindres l'un de l'autre; on y fait passer de nouveau la barre, et en répétant cette opération, on l'amène à l'épaisseur voulue.

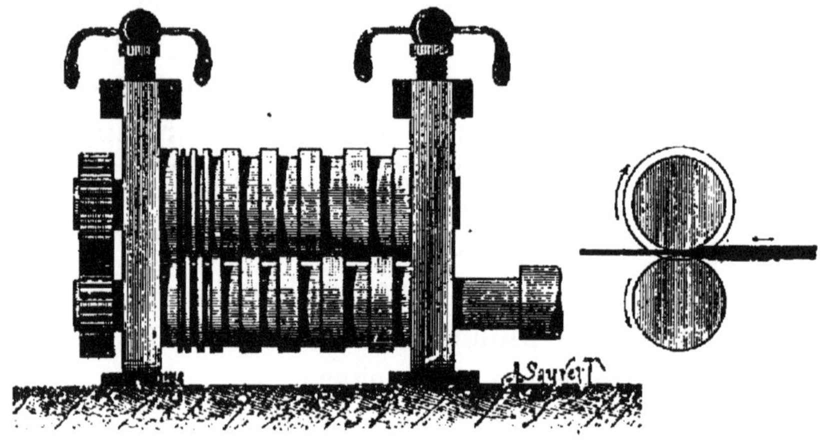

Fig. 1. — Laminoir.

L'or peut être réduit en feuilles de moins de $\frac{1}{10.000}$ de millimètre d'épaisseur ; l'argent, le cuivre, l'étain sont aussi très malléables, tandis que le bismuth est cassant et se brise sous le marteau.

Ductilité. — On dit qu'un métal est *ductile* quand il se laisse étirer facilement en fils fins ; on obtient ces fils en faisant passer la barre métallique dans les trous de plus en plus fins d'une plaque d'acier appelée *filière* (*fig.* **2**). La ductilité d'un

Fig. 2. — Filières.

métal dépend de sa malléabilité, mais aussi de sa ténacité : ainsi l'or et l'argent sont très ductiles, mais le plomb et l'étain, qui sont très malléables, sont peu ductiles à cause de leur faible ténacité.

Quand un métal a passé au laminoir ou à la filière, il devient généralement cassant, on dit qu'il s'est *écroui* ; on peut lui rendre ses propriétés primitives en le chauffant au rouge et le laissant refroidir lentement ; c'est ce qu'on appelle *recuire* le métal.

Cristallisation. — Les métaux fondus, refroidis lentement, cristallisent, ce qui les rend cassants ; aussi dans l'industrie évite-t-on autant que possible cette cristallisation.

On peut aussi obtenir des cristaux d'un grand nombre de métaux en décomposant lentement un de leurs sels par un courant électrique faible ou par un autre métal.

3. Les propriétés physiques les plus importantes des métaux usuels sont résumées dans le tableau suivant :

DENSITÉ	TEMPÉRATURE DE FUSION	CONDUCTIB.LITÉ ÉLECTRIQUE (longueur des fils de même section offrant la même résistance qu'un fil d'argent de 100cm).	CONDUCTIBILITÉ CALORIFIQUE	MALLÉABILITÉ	DUCTILITÉ	TÉNACITÉ (nombre de kg. nécessaires pour rompre un fil de 2mm de diamètre).
Platine . . 21,5	Mercure. — 40°	Argent. . . 100	Argent . 100	Or	Or	Fer. . . 250kg
Or 19,4	Étain . . + 228°	Cuivre . . 91,4	Cuivre. . 73,6	Argent	Argent	Cuivre . 137,4
Mercure (liquide) . . 13,59	Plomb . . . 335°	Or 65,4	Or 53,2	Aluminium	Platine	Platine . 124,7
Plomb . . 11,37	Zinc . . . . 410°	Zinc. . . . 24,1	Zinc. . . 19,3	Cuivre	Aluminium	Argent . 85
Argent . . 10,4	Aluminium. 650°	Étain . . . 13,7	Étain . . 14,5	Étain	Fer	Or . . . 68
Cuivre . . 8,79	Argent . . . 954°	Fer 12,25	Fer. . . 11,9	Platine	Cuivre	Zinc. . . 49,8
Fer. . . . 7,79	Or. . . . . 1050°	Plomb. . . 8,25	Plomb. . 8,5	Plomb	Zinc	Étain . . 15,8
Étain. . . 7,28	Cuivre. . . 1100°	Platine . . 8,04	Platine . 8,4	Zinc	Etain	Plomb. . 9,6
Zinc . . . 6,86	Fer . . . . 1500°	Mercure (liquide) . . 1,8	Bismuth. 1,8	Fer	Plomb	
Aluminium. 2,56	Platine. . . 1775°					

4. Propriétés chimiques. — Les métaux peuvent se combiner, soit entre eux, ils forment alors des alliages; soit avec les métalloïdes ou leurs dérivés, ils donnent dans ce cas des oxydes ou des sels : chlorures, sulfates, etc. Nous n'étudierons ici en particulier que celles de ces dernières réactions qui servent à établir la classification des métaux.

Action de l'oxygène. — Les métaux usuels étant constamment en contact avec l'air, cette action a une importance pratique considérable.

L'oxygène sec agit sur tous les métaux, à une température plus ou moins élevée, à l'exception de l'or, de l'argent, du platine et de l'aluminium. Le potassium s'oxyde à la température ordinaire ; des copeaux de cuivre, chauffés dans un courant d'oxygène ou d'air, se recouvrent d'une couche noire d'oxyde, qui préserve le reste du métal du contact de l'oxygène et arrête l'oxydation. Un fil de fer, chauffé, brûle dans l'oxygène, et l'oxyde formé fondant et se détachant du métal, l'oxydation est complète.

Les oxydes métalliques sont solides, le plus souvent pulvérulents, ternes, mauvais conducteurs de la chaleur et de l'électricité. La chaleur en décompose quelques-uns et peut fondre la plupart des autres; mais il n'y a qu'un petit nombre d'oxydes volatils : tels sont l'oxyde d'antimoine et l'acide osmique. Ils sont insolubles dans l'eau, sauf les oxydes alcalins, qui sont très solubles, et les oxydes de calcium, de magnésium, de plomb et d'argent, qui le sont un peu.

Action de l'eau. — La plupart des métaux décomposent l'eau : le potassium et le sodium, dès la température ordinaire; le fer, le zinc, au rouge sombre ; le cuivre, au rouge vif. Certains métaux, qui n'agissent sur l'eau qu'à une température élevée, peuvent la décomposer, à froid, soit, comme le fer, le zinc, en présence d'un acide, soit, comme l'étain, en présence d'une base ; l'oxyde métallique formé s'unit à l'acide ou à la base pour donner un sel. Quelques métaux : l'aluminium, le mercure, l'argent, l'or, le platine ne décomposent l'eau à aucune température.

Action de l'air humide. — L'air, contenant toujours de la vapeur d'eau et des acides, en particulier de l'acide carbonique, agit donc beaucoup plus facilement sur les métaux que l'oxygène sec. Ainsi le fer, le zinc, le cuivre, qui ne s'altèrent pas à la température ordinaire dans l'oxygène ou l'air secs, se ternissent très rapidement dans l'air humide, par suite de la formation d'un oxyde ou d'un carbonate hydratés. Mais pour le zinc et le cuivre, le carbonate produit forme, à la surface du métal, une couche imperméable qui arrête l'oxydation ; tandis que, pour le fer, l'oxyde formé étant pulvérulent, la transformation du métal en rouille peut être complète.

Pour préserver les métaux exposés à l'air de l'oxydation qui peut les altérer profondément, il faut donc les recouvrir, soit d'une couche de peinture, de vernis, d'émail, qui empêchent le contact de l'air, soit d'un métal moins oxydable, comme le zinc, l'étain, le cuivre, le nickel.

5. Classification des métaux. — Le procédé de classification qui a permis de ranger les métalloïdes en familles présentant de grandes analogies dans leurs propriétés chimiques, ne réussit pas quand on cherche à l'appliquer aux métaux : il y en a très peu qui se combinent avec l'hydrogène ; leur valence est beaucoup plus variable que pour les métalloïdes ; et souvent un grand nombre de leurs composés, rares ou coûteux, ne sont pas encore bien connus.

On se contente, dans la pratique, d'une classification artificielle, établie par Thénard, et légèrement modifiée depuis. Elle groupe les métaux d'après leur action sur l'oxygène et l'eau et la décomposition de leurs oxydes par la chaleur. Elle a donc une grande importance pratique, puisque c'est de la façon dont le métal se comporte avec l'air et l'eau que dépendent ses applications usuelles; mais elle rapproche parfois des métaux ayant des propriétés chimiques très différentes et en sépare d'autres présentant de très grandes analogies.

Cette classification est résumée dans le tableau suivant :

Première classe : Métaux communs, s'oxydant directement à une température plus ou moins élevée; oxydes irréductibles par la chaleur seule :

1re *section*. — Décomposant l'eau à la température ordinaire, métaux dits alcalins et alcalino-terreux :
Potassium, sodium, calcium, baryum.

2e *section*. — Décomposant l'eau à 100° :
Magnésium, manganèse.

3e *section*. — Décomposant l'eau au rouge sombre et les acides étendus à froid :
Zinc, fer, nickel, cobalt, chrome.

4e *section*. — Décomposant l'eau au rouge vif, et les solutions alcalines à froid :
Étain.

5e *section*. — Ne décomposant l'eau que très difficilement au rouge blanc :
Cuivre, plomb, bismuth.

Deuxième classe : Métal intermédiaire, ne s'oxydant pas à l'air, même à haute température; oxyde irréductible par la chaleur seule :

6ᵉ *section* : Aluminium.

Troisième classe : Métaux précieux, oxydes réductibles par la chaleur :

7ᵉ *section*. - - S'oxydant au rouge :
    Mercure.

8ᵉ *section*. — Ne s'oxydant à aucune température :
    Argent, or, platine.

Alliages.

6. Utilité des alliages. — Peu de métaux possèdent toutes les qualités de dureté, de fusibilité ou de malléabilité nécessaires pour les usages industriels, et les seuls que l'on emploie à l'état isolé sont : le fer, le zinc, l'étain, le cuivre, le plomb, l'aluminium, le mercure, le platine et le nickel.

Les autres doivent être modifiés par l'addition de métaux différents, ils s'emploient donc à l'état *d'alliages*: ainsi l'or et l'argent sont trop mous, à l'état de pureté, pour servir à la fabrication des monnaies, ils s'useraient trop vite; on leur donne de la dureté en leur alliant du cuivre.

Aucun métal isolé n'est à la fois assez fusible pour que l'on puisse le couler facilement en caractères d'imprimerie et assez tenace pour ne pas s'écraser sous l'action de la presse, sans pourtant couper le papier; le plomb est trop mou, l'antimoine trop cassant, mais l'alliage de

4 parties de plomb et d'une partie d'antimoine est à la fois très fusible, très dur et très résistant.

7. Propriétés des alliages. — Les alliages ont l'aspect métallique; ils sont en général plus durs, plus cassants que les métaux qui les composent, moins ductiles, moins malléables et moins tenaces que le plus ductile et le plus tenace des métaux constitutifs. Leur fusibilité est plus grande que celle du métal le moins fusible; quelques-uns même fondent à une température plus basse que le plus fusible de leurs éléments; ainsi l'*alliage de Darcet*, formé de bismuth, de plomb et d'étain fond à 94° (*fig.* 3), alors que l'étain, qui est le plus fusible de ces trois métaux, ne fond qu'à 228°.

Fig. 3.— Fusion de l'alliage de Darcet dans la vapeur d'eau bouillante.

La *chaleur* décompose les alliages qui renferment un métal volatil, comme les alliages de mercure ou amalgames, et cette propriété est utilisée dans la préparation de l'or et de l'argent.

L'oxygène et *l'air* agissent, en général, moins énergiquement sur les alliages que sur les métaux qui les constituent.

8. Préparation. — Les alliages se préparent en faisant fondre dans un creuset, sous une couche de poussière de charbon pour empêcher toute oxydation, les métaux que l'on veut allier : on agite la masse pour la rendre homogène, et on la coule rapidement dans les moules.

9. Liquation. — Si on laisse refroidir lentement un alliage fondu, en plongeant un thermomètre dans sa masse, on constate que la température s'abaisse d'abord d'une façon continue, puis reste stationnaire pendant un certain temps ; elle s'abaisse de nouveau, puis reste stationnaire, et ainsi de suite jusqu'à solidification complète de l'alliage. A chaque arrêt du thermomètre, on peut constater qu'une partie du liquide s'est solidifiée, en donnant un alliage bien défini et cristallisé.

Inversement, si l'on chauffe un alliage solide un peu en dessous de son point de fusion, on voit s'en séparer un premier alliage, qui fond ; puis un second alliage fond à son tour, et il ne reste à la fin qu'une sorte d'éponge formée par l'alliage le moins fusible : ce phénomène a reçu le nom de *liquation*.

La liquation est utilisée pour retirer l'argent qui se trouve en petite quantité dans le plomb et le cuivre. Ce même phénomène est cause qu'il est presque impossible d'obtenir un alliage bien homogène en masse un peu considérable.

10. Constitution des alliages. — La liquation démontre que les métaux forment des combinaisons définies, bien que, fondus en toute proportion et refroidis brusquement, ils paraissent former un corps homogène, comme s'ils constituaient un simple mélange. En réalité, les alliages sont de véritables *combinaisons*, en proportions définies, dissoutes dans un excès de l'un des métaux. En effet, ils se forment avec dégagement de chaleur, comme on peut le constater en projetant du sodium en morceaux dans du mercure légèrement chauffé : le sodium se dissout avec un bruit analogue à celui d'un fer rouge trempé dans l'eau. De plus, ils cristallisent, et l'amalgame de sodium se sépare facilement, en aiguilles brillantes, de l'excès de mercure dans lequel il était dissous.

11. Principaux alliages usuels. — L'or, l'argent, le cuivre, l'étain et le plomb sont les métaux qui entrent dans le plus grand nombre d'alliages ; les propriétés caractéristiques de ces alliages seront donc étudiées en même temps que celles des métaux constitutifs; le tableau suivant indique la composition des alliages les plus employés :

		1er titre.	2e titre.	3e titre
Monnaies d'or	or			900
	cuivre			100
Médailles et vaisselle d'or	or			916
	cuivre			84
Bijoux en or	or	920	850	750
	cuivre	80	150	250
Monnaies d'argent (pièces de 5 fr.)	argent			900
	cuivre			100
Monnaies d'argent (pièces de 2f, de 1f, de 0f,50)	argent			835
	cuivre			165
Vaisselle d'argent	argent			950
	cuivre			50
Bronze des anciens canons	cuivre			90
	étain			10
Bronze des cloches	cuivre			78
	étain			22
Bronze d'aluminium	cuivre			90
	aluminium			10
Laiton ordinaire	cuivre			67
	zinc			33
Caractères d'imprimerie	plomb			80
	antimoine			20
Mesures d'étain (litre, décil., etc.)	étain			82
	plomb			18
Maillechort	cuivre			50
	zinc			25
	nickel			25
Métal anglais	étain			100
	antimoine			8
	cuivre			4
	bismuth			1
Bronze des monnaies	cuivre			95
	étain			4
	zinc			1

RÉSUMÉ DU CHAPITRE I

Les *métaux* ont un éclat particulier, l'éclat métallique; ils sont bons conducteurs, et généralement ductiles et malléables. Ils donnent avec l'oxygène au moins un composé basique.

Ils sont solides, sauf le mercure; presque tous sont blancs.

Dans l'oxygène ou l'air secs ils s'oxydent tous, à une température plus ou moins élevée, sauf l'or, l'argent, le platine et l'aluminium.

La plupart des métaux décomposent l'eau, à une température variable suivant le métal; ils déplacent l'hydrogène et forment un oxyde. L'air humide agit sur les métaux plus facilement que l'air sec et donne des hydrates ou des carbonates hydratés.

La *classification pratique* des métaux repose sur leur action sur l'oxygène et l'eau et la décomposition des oxydes par la chaleur.

Les *alliages* résultent de l'union de plusieurs métaux, choisis de façon à former une sorte de métal nouveau ayant des propriétés convenables à un usage déterminé.

On les prépare en fondant ensemble, dans les proportions voulues, les métaux qu'on veut allier.

Les alliages sont des combinaisons définies de métaux, dissoutes dans le métal en excès.

CHAPITRE II

MÉTAUX ALCALINS

---

12. Sodium, Na = 23. Potassium, K = 39. — Le sodium et le potassium sont appelés métaux alcalins parce que leurs hydrates, la soude NaOH et la potasse KOH, sont des bases fortes ou *alcalis*.

Ils ne se trouvent pas dans la nature à l'état libre et ont été isolés par Davy en 1807, en décomposant leurs hydrates par l'électricité.

Le sodium et le potassium sont solides, mous; ils ont

l'éclat métallique quand ils viennent d'être coupés, mais leur surface se ternit rapidement à l'air. Ils sont plus légers que l'eau.

Ils se transforment, dans *l'air humide*, en hydrates, puis

Fig. 4. — Décomposition de l'eau par le potassium.

en carbonates; ils décomposent *l'eau* à froid, en dégageant l'hydrogène (*fig.* 4). En raison de leur grande altérabilité, on les conserve dans l'huile de naphte.

On les prépare en chauffant au rouge leur carbonate avec du charbon :

$$CO^3Na^2 + 2C = 3CO + 2Na.$$

Usages. — Ils sont employés en chimie comme réducteurs, et dans l'industrie, à la préparation de l'aluminium, du magnésium, du bore, etc.; on se sert du sodium à l'exclusion du potassium, parce qu'il est moins cher et plus facile à manier. Ces métaux sont surtout importants par les applications industrielles de leurs composés.

Chlorure de sodium, NaCl.

13. Propriétés. — Le chlorure de sodium, ou *sel marin*,

Fig. 5. — Trémie de sel marin.

est un corps solide, blanc, cristallisé en cubes qui se groupent en trémies (*fig.* 5), en s'accolant de façon à former de petites pyramides quadrangulaires creuses. Il a une saveur salée caractéristique; sa densité est **2,15**;

sa solubilité dans l'eau varie peu avec la température : 100^{gr} d'eau dissolvent 36^{gr} de sel à 15° et 39^{gr} à 100° ; il n'est déliquescent que dans l'air saturé de vapeur d'eau, s'il est pur.

Les cristaux de sel marin sont anhydres, mais retiennent de l'eau interposée entre leurs lamelles; c'est pourquoi ils décrépitent quand on les projette sur des charbons incandescents ; ils fondent au rouge et se volatilisent au rouge blanc.

14. État naturel. Extraction. — Le chlorure de sodium est très abondant dans la nature : il se trouve en dissolution dans l'eau de la mer et d'un grand nombre de sources, et en masses solides considérables dans l'intérieur de la terre ; on l'appelle alors *sel gemme*.

I. Extraction du sel gemme. — Les mines de sel gemme les plus importantes sont celles de Wieliczka en Autriche, de Stassfurt en Prusse, de Cardona en Espagne, de Vic et Dieuze en Alsace-Lorraine.

Quand le sel est pur (ce qui est rare) et en masses considérables, on l'extrait soit à ciel ouvert, soit à l'aide de galeries souterraines ; les blocs de sel sont pulvérisés sous des meules et livrés au commerce.

Souvent le sel est mêlé de matières étrangères, argile, oxyde de fer...; on creuse alors des puits et des galeries parcourant le gisement, on y fait arriver l'eau des sources voisines, qui se sature de sel et que l'on extrait ensuite à l'aide de pompes. Cette eau est amenée dans des bassins où elle s'éclaircit par dépôt, puis dans des bassines plates d'évaporation.

Il se dépose d'abord du *schlott*, sulfate double de

sodium et de calcium, que l'on enlève, puis le sel cristallise ; on l'extrait au fur et à mesure et on le fait sécher.

II. Extraction du sel marin. — La mer constitue une source inépuisable de sel, l'eau de mer contenant, par litre, de 26 à 31^{gr} de chlorure de sodium.

Pour extraire ce sel, on concentre l'eau de mer, dans les pays froids par la congélation, en enlevant la glace, for-

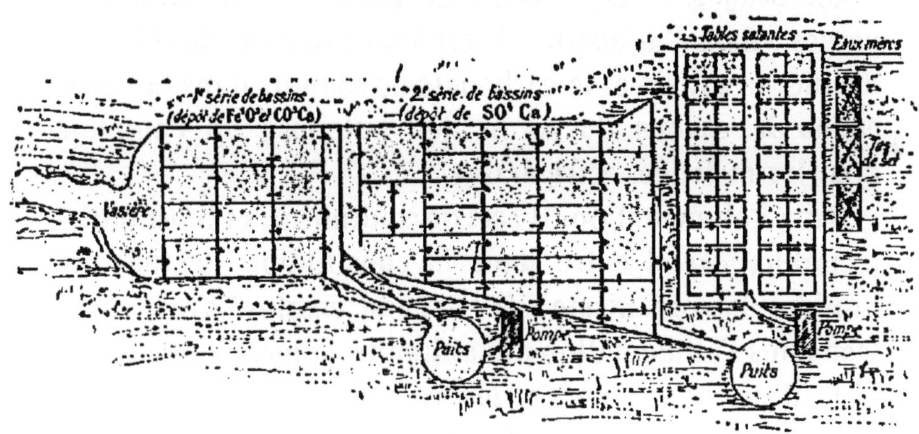

Fig. 6. — Marais salants.

mée d'eau presque pure, aussitôt qu'elle se produit ; dans les pays plus chauds, par l'évaporation spontanée dans les *marais salants*. L'eau de mer est amenée, soit par la marée, soit à l'aide de pompes, dans de vastes réservoirs où elle se clarifie ; de là elle passe dans des bassins peu profonds (*fig.* 6), rendus imperméables par une couche d'argile, où elle dépose, en se concentrant, du carbonate et du sulfate de calcium et de l'oxyde de fer que l'eau de mer tenait en dissolution avec d'autres sels de potassium et de magnésium. Cette eau est ensuite amenée dans un réservoir et dans des puits d'où on l'envoie, à l'aide de pompes, dans des bassins plus petits ou tables salantes ; c'est là que se dépose le sel ; on l'enlève avec des pelles plates et l'on en fait des tas que l'on abandonne quelque temps à l'air ; le sel s'égoutte, et le chlorure de magnésium auquel il était mélangé, qui est très déliquescent, est peu à peu entraîné par l'eau de pluie. On obtient ainsi le *sel gris*, qui est généralement purifié par dissolution et évaporation avant d'être livré au commerce.

15. Usages. — Le chlorure de sodium a de nombreux usages : dans l'industrie, il sert à préparer l'acide chlorhydrique, le sulfate et le carbonate de sodium, dans la fabrication des savons, du vernis des poteries ; on l'emploie pour les mélanges réfrigérants.

Dans l'alimentation, il sert de condiment, et il est indispensable, car il entre dans la constitution de tous les liquides de l'organisme ; il est aussi employé avec avantage dans l'alimentation des animaux domestiques, et en agriculture pour amender les terres.

C'est un antiseptique, très employé dans l'industrie des salaisons : il sert à conserver les viandes (jambons, lard), les poissons (harengs, morue, …), le beurre et même certains légumes (haricots, …).

Chlorure de potassium, KCl.

16. Le chlorure de potassium, qui existe aussi en petite quantité dans l'eau de mer, cristallise en cubes incolores, transparents, d'une saveur salée, solubles dans l'eau.

Le chlorure de potassium, loin de présenter l'utilité du chlorure de sodium dans l'alimentation, est regardé comme dangereux pour l'organisme ; mais il a une grande importance industrielle, car il sert à préparer le sulfate, le chlorate, l'azotate et le carbonate de potassium. Il entre aussi dans la composition des engrais artificiels employés en agriculture.

Hydrate de sodium, NaOH,

ou *Soude caustique.*

17. Propriétés. — La soude est un corps solide, blanc, opaque, non cristallisé, fondant au rouge, et non décomposable par la chaleur. La soude se dissout dans l'eau avec dégagement de chaleur; sa solution, même très étendue, présente les caractères des bases fortes; elle est très caustique, brûle la peau et les tissus.

Un morceau de soude, exposé à l'air, absorbe l'humidité et fond, puis se transforme en une masse de carbonate de sodium pulvérulent.

18. Préparation. — *On prépare la soude en faisant bouillir une dissolution très étendue de carbonate de sodium avec de la chaux.* Il se fait du carbonate de calcium insoluble, qui se dépose, et de la soude qui reste en dissolution :

$$CO^3Na^2 + CaO + H^2O = CO^3Ca + 2NaOH.$$

Après avoir filtré, pour séparer le carbonate de calcium, on concentre la solution de soude dans une capsule d'argent, puis on la coule en plaques, que l'on doit conserver dans des flacons bien fermés, à l'abri de l'humidité.

Si les corps employés pour cette préparation sont purs, la soude obtenue est pure; le plus souvent, elle renferme des chlorures et des sulfates provenant du carbonate de sodium. On la reprend alors par l'alcool, qui dissout la soude et non les sels; on décante, et on évapore la partie liquide pour chasser l'alcool; on obtient ainsi la *soude à l'alcool,* qui est plus pure que la *soude à la chaux,* mais qui renferme encore des produits provenant de l'oxydation de l'alcool pendant l'évaporation.

19. Usages. — La soude est employée, en dissolution, dans les laboratoires, pour neutraliser les acides, précipiter les oxydes insolubles, etc. ; dans l'industrie, elle sert à la fabrication des *savons durs*, dans l'épuration des pétroles, dans la préparation des pâtes à papier, des phénols, de certaines matières colorantes, etc.

Hydrate de potassium, KOH,
ou *Potasse caustique.*

20. La potasse a des propriétés analogues à celles de la soude, et se prépare de la même façon, au moyen du carbonate de potassium. Le carbonate qu'elle forme, à l'air, est déliquescent ; et ses combinaisons avec les acides dégagent encore plus de chaleur que les combinaisons correspondantes de la soude.

Elle sert à la fabrication des *savons mous* ; et ses propriétés caustiques la font utiliser en médecine, sous le nom de *pierre à cautère*, pour ronger les chairs.

Carbonate neutre de sodium, CO^3Na^2,
ou *Soude du commerce.*

21. Propriétés. — Le carbonate neutre de sodium se présente en gros cristaux incolores et transparents, $CO^3Na^2 + 10H^2O$; ces cristaux sont efflorescents, c'est-à-dire que, dans l'air sec, ils perdent leur eau de cristallisation et se transforment rapidement en une poudre blanche, $CO^3Na^2 + H^2O$.

A 100° le carbonate de sodium devient anhydre, et il fond au rouge sans se décomposer.

Il est soluble dans l'eau, insoluble dans l'alcool.

En faisant passer un excès de gaz carbonique dans une dissolution de carbonate neutre, on obtient du carbonate acide ou *bicarbonate de sodium* CO^3HNa, qui existe dans l'eau de Vichy, et qui sert, en pharmacie, à la préparation de l'eau de Seltz artificielle.

22. État naturel. Préparation. — Le carbonate de sodium existe dans quelques eaux minérales (de Carlsbad, de Vichy, etc.) et il forme des dépôts salins, que l'on exploite sous le nom de *natron*, sur les bords de quelques lacs salés, en Égypte, aux Indes et au Pérou.

Dans le commerce, on appelle *soude* du carbonate de sodium plus ou moins impur, que l'on extrait soit des cendres des végétaux marins (*soudes naturelles*), soit, par divers procédés chimiques, du chlorure de sodium (*soudes artificielles*).

Soudes naturelles. — Les végétaux qui poussent au bord de la mer : salicorne, barilles, varechs, contiennent du sodium combiné à des acides organiques, surtout à l'acide oxalique ; par la calcination, ces sels se transforment en carbonate de sodium ; on lessive les cendres, et par cristallisation on obtient la soude brute, soude d'Alicante, soude de Narbonne, d'un gris noirâtre, très impure.

Ces soudes ont perdu de leur importance depuis que Nicolas Leblanc a réussi, en 1792, pendant le blocus continental, à préparer artificiellement le carbonate de sodium dont l'importation était devenue impossible.

Soudes artificielles. — I. PROCÉDÉ LEBLANC. — On transforme le sel marin en sulfate de sodium par l'acide sulfurique, comme on l'a vu dans la préparation de l'acide chlorhydrique :

$$2NaCl + SO^4H^2 = SO^4Na^2 + 2HCl.$$

On mélange le sulfate obtenu avec de la craie et du charbon; on chauffe le tout sur la sole d'un four à réverbère (*fig.* 7), en le brassant continuellement, ou dans des fours tournants, en fer doublé de briques réfractaires, qui rendent le travail moins pénible.

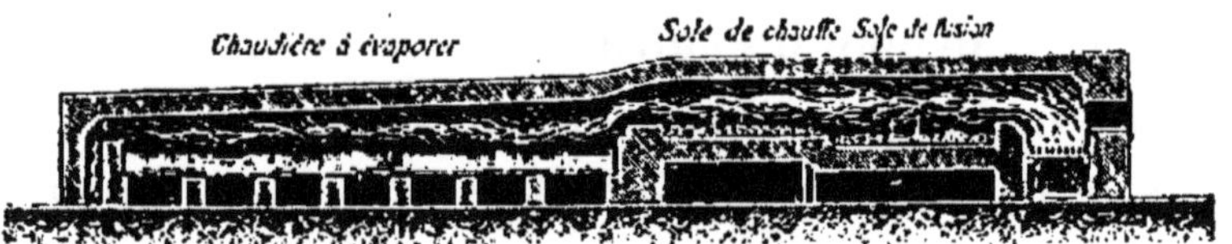

Fig. 7. — Four ordinaire à soude.

Le charbon réduit le sulfate en sulfure de sodium, qui, avec le carbonate de calcium, forme du carbonate de sodium et du sulfure de calcium insoluble :

$$SO^4Na^2 + 2C = Na^2S + 2CO^2,$$

$$Na^2S + CO^3Ca = CaS + CO^3Na^2.$$

Quand les gaz cessent de se dégager et que la matière est devenue pâteuse, on la retire du four ; elle se solidifie en une masse foncée, ou *soude brute*, qui, traitée par l'eau, se sépare en sulfure de calcium, insoluble, et carbonate de sodium que l'on fait cristalliser.

II. Procédé Solvay. Soude a l'ammoniaque. — On prépare, depuis quelques années, le carbonate de sodium par un procédé qui a été appliqué industriellement par MM. Rolland et Schlœsing dès 1855, et qui est devenu pratique grâce aux perfectionnements dus à M. Solvay.

On fait réagir le bicarbonate d'ammonium sur une solu-

tion saturée de sel marin; il se fait du chlorure d'ammonium et du carbonate acide de sodium :

$$NaCl + CO^3H.AzH^4 = AzH^4Cl + CO^3HNa.$$

Le bicarbonate de sodium, peu soluble, *se dépose ;* on le recueille, et *on le calcine* pour le transformer en carbonate neutre :

$$2CO^3HNa = CO^3Na^2 + CO^2 + H^2O.$$

Le chlorure d'ammonium, traité par de la chaux, redonne de l'ammoniaque, que l'on transforme en bicarbonate d'ammonium par le gaz carbonique provenant des fours à chaux et de la calcination du bicarbonate de sodium.

Ce procédé exige des appareils très perfectionnés, mais il est plus simple que le procédé Leblanc, parce qu'il ne nécessite pas d'acide sulfurique, c'est-à-dire pas de chambres de plomb, ni de fours à pyrite, et il donne du carbonate de sodium très pur; aussi tend-il à remplacer le premier.

23. Usages. — Le carbonate de sodium a de nombreuses applications dans l'industrie ; il sert dans la fabrication du verre, des savons durs, du borax, de la soude caustique, de l'hypochlorite de sodium, du sodium, etc. On l'emploie encore dans le blanchiment du coton, le blanchissage du linge, et dans la teinture.

Carbonate neutre de potassium, CO^3K^2,
ou *Potasse du commerce.*

24. Propriétés. Préparation. — Le carbonate de potassium est un sel blanc, cristallisé, déliquescent dans l'air humide, très soluble dans l'eau; il fond au rouge sans se décomposer.

On le prépare, comme le carbonate de sodium, par le lessivage des cendres résultant de l'incinération des végétaux terrestres, et pendant longtemps on a brûlé de vastes forêts en Amérique et en Russie pour l'obtenir. On en trouve encore, avec du chlorure de potassium et du carbonate de sodium, dans le résidu, ou *vinasse*, de la fermentation des mélasses, et dans les eaux qui ont servi à laver les toisons de moutons, pour débarrasser les laines du *suint*. On peut l'extraire de ces produits par évaporation, puis par des lessivages méthodiques et des cristallisations successives.

Enfin, depuis que la préparation du chlorure de potassium est devenue facile, on applique le procédé Leblanc à sa transformation en carbonate. (22).

25. Usages. — Le carbonate de potassium est aussi très important : on l'emploie dans la fabrication du cristal, du verre de Bohême, des savons mous, de l'hypochlorite de potassium (eau de Javel), des cyanures, du potassium, etc.

Il sert au lessivage du linge : les matières grasses qui imprègnent le linge forment, avec le carbonate de potassium en solution étendue, un savon soluble, que l'on enlève par un lavage à grande eau.

RÉSUMÉ DU CHAPITRE II

Le *sodium* Na et le *potassium* K sont des métaux mous, légers, qui se ternissent rapidement dans l'air humide et décomposent l'eau à froid. Ils sont employés comme réducteurs dans la préparation de l'aluminium et du magnésium.

Le *chlorure de sodium* NaCl est solide, blanc, cristallisé en cubes souvent groupés en trémies ; il a une saveur salée caractéristique.

On le trouve en dissolution dans l'eau de la mer (sel marin), ou en masses solides dans la terre (sel gemme).

Le sel gemme est généralement purifié par dissolution et cristallisation. Le sel marin est extrait par évaporation de l'eau de mer dans des marais salants.

Le chlorure de sodium est employé dans l'alimentation et comme antiseptique ; il sert dans l'industrie à la préparation de l'acide chlorhydrique, du sulfate et du carbonate de sodium.

L'hydrate de sodium NaOH ou soude caustique se présente sous forme de plaques blanches, déliquescentes ; c'est une base énergique. On le prépare en décomposant par la chaux une lessive bouillante de carbonate de sodium. On l'emploie surtout dans la fabrication des savons durs.

L'hydrate de potassium KOH ou potasse caustique a des propriétés analogues et se prépare de même ; il sert dans la fabrication des savons mous, et constitue la pierre à cautère.

Le *carbonate de sodium* CO^3Na^2, ou soude du commerce, hydraté, forme de gros cristaux incolores, efflorescents.

On l'extrait des cendres des végétaux marins (soudes naturelles), ou du chlorure de sodium par le procédé Leblanc : action du carbonate de calcium et du charbon sur le sulfate de sodium, et par le procédé Solvay : transformation du chlorure de sodium par le bicarbonate d'ammonium, et calcination du bicarbonate de sodium obtenu (soudes artificielles).

Les soudes servent dans la fabrication du verre, des savons et dans le blanchiment.

Le *carbonate de potassium* CO^3K^2 ou potasse du commerce est un sel blanc, déliquescent. On l'extrait des cendres des végétaux terrestres, ou du chlorure de potassium par le procédé Leblanc, ou des vinasses de betteraves et du suint des moutons. Il sert surtout dans la fabrication du cristal et des savons mous.

CHAPITRE III

CALCIUM, Ca = 40.

---

26. Le calcium est un métal jaune, très brillant, qui s'altère très vite à l'air humide ; il brûle avec une flamme jaune quand on le chauffe à l'air, et décompose l'eau à froid.

Il est difficile à préparer et n'a aucune importance pratique ; mais il forme des sels (carbonates, sulfates, phosphates, etc.) très abondants dans la nature, et la plupart de ses composés sont très utiles.

Oxyde de calcium, CaO,
ou *Chaux vive.*

27. Propriétés. — La chaux pure est un corps solide, blanc, amorphe; elle ne fond qu'à 3000° et ne se décompose pas, même à cette température, par la chaleur seule. Quand on verse un peu d'eau sur un morceau de chaux, l'eau est absorbée, puis la chaux se gonfle, se fendille et tombe en poussière, en même temps que la chaleur dégagée réduit en vapeur une partie de l'eau, et peut élever à 300° la température d'un corps plongé dans la chaux.

Le produit formé est de l'hydrate de calcium $Ca(OH)^2$ ou *chaux éteinte.*

La chaux éteinte, délayée dans l'eau, constitue le *lait de chaux* ; ce dernier, filtré, donne un liquide limpide ou *eau de chaux*, qui contient $1^{gr},4$ de chaux par litre, à 0°, et seulement $0^{gr},8$ à 100°.

L'eau de chaux a une réaction alcaline, et se trouble au contact de l'acide carbonique de l'air, en formant du carbonate de calcium insoluble.

A l'air, la chaux vive se délite peu à peu et se transforme en une poudre blanche, qui est un mélange d'hydrate et de carbonate de calcium.

28. Préparation. — *L'oxyde de calcium pur s'obtient en calcinant, dans un creuset de terre, le marbre blanc ou l'azotate de calcium.*

Dans l'industrie, on prépare de grandes quantités de chaux vive en calcinant le carbonate de calcium naturel, ou pierre à chaux, dans des fours intermittents ou continus.

I. Les *fours intermittents* (*fig.* 8) sont construits en maçonnerie revêtue intérieurement de briques réfractaires ; ils ont 3 à 4^m de haut. A la partie inférieure on forme, avec de gros blocs de pierre à chaux, une voûte sur laquelle on place d'autres blocs de plus en plus petits, en laissant entre eux des interstices par lesquels les gaz pourront se dégager. On allume ensuite, sous la voûte, un feu de bois ou de tourbe que l'on introduit par une ouverture laté-

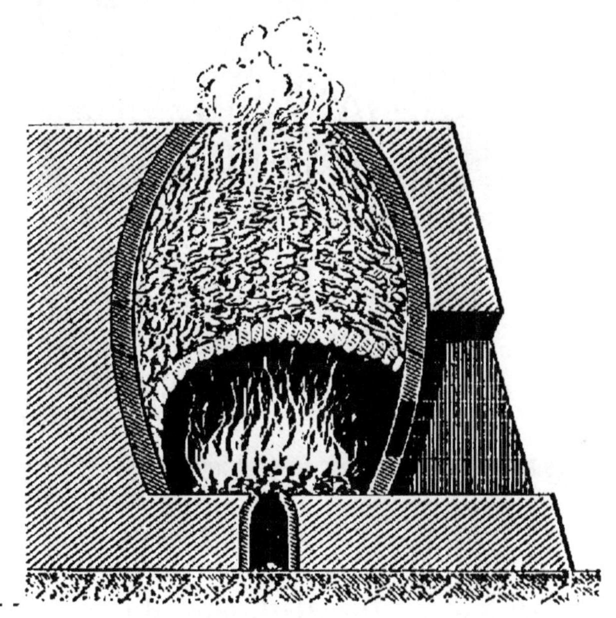

Fig. 8. — Four à chaux intermittent.

rale, et l'on porte la masse au rouge. Au bout d'une semaine environ, la calcination est complète ; on laisse le four se refroidir, et on le décharge.

II. Les *fours continus* ou *fours coulants* (*fig.* 9) remplacent généralement aujourd'hui les précédents ; ils ont la forme d'une cuve, fermée inférieurement par une grille, sur laquelle on allume de la houille. On introduit ensuite par le haut des couches alternatives de calcaire et de

charbon. Les cendres traversent la grille, et, quand la calcination est terminée, on enlève par une ouverture laté-
rale inférieure la chaux formée, tandis qu'on recharge le
four par la partie supérieure. Une fois le four allumé, il
peut donc fonctionner d'une façon continue ; la cuisson
est plus régulière, et la dépense de combustible moindre
qu'avec les fours intermittents.

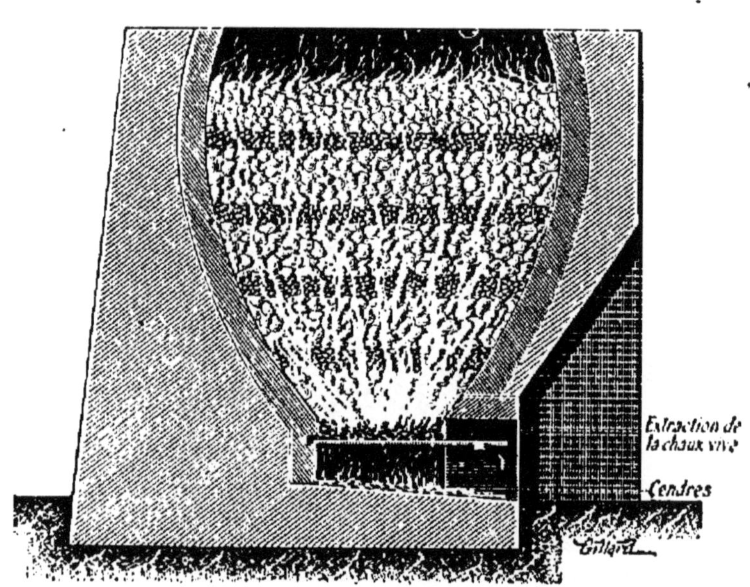

Fig. 9. — Four coulant à chaux.

29. Applications. — On distingue plusieurs variétés de
chaux, suivant leur origine et leurs usages :

Chaux grasse. — La chaux grasse, obtenue par la calcination de débris de marbre blanc, ou de calcaires purs,
est blanche et se comporte comme la chaux pure ; elle
forme avec l'eau une pâte liante et grasse, en augmentant
beaucoup de volume et dégageant une grande chaleur.
C'est elle qu'on emploie dans la fabrication de la potasse
et de la soude caustiques et pour la préparation de l'ammoniaque, du chlorure de chaux décolorant et désinfec-

tant, des bougies, pour la défécation des jus sucrés, le gonflement des peaux à tanner, etc.

Chaux maigre. — La chaux maigre provient de calcaires impurs et contient au moins 20 °/₀ de magnésie, d'argile, d'oxyde de fer. Elle est grise, et forme avec l'eau une pâte peu liante, rude au toucher. Elle peut être employée comme la précédente, mais elle est moins bonne, à cause des matières étrangères qu'elle contient.

Ces deux sortes de chaux, mélangées à du sable, constituent une sorte de pâte, ou *mortier*, qui sert à réunir les matériaux d'une construction ; l'air humide, pénétrant la masse qui est poreuse, transforme l'hydrate de calcium en carbonate qui se solidifie en adhérant fortement aux grains de sable et aux pierres. La chaux, seule, en se solidifiant, subit un retrait qui produirait des vides entre les matériaux ; le sable qu'on y ajoute supprime cet inconvénient.

Chaux hydraulique. — C'est une chaux qui durcit sous l'eau ; elle s'obtient par la calcination d'un calcaire contenant de 10 à 30 °/₀ d'argile. Elle est jaune ; en s'éteignant, elle augmente peu de volume, et dégage peu de chaleur ; elle forme avec l'eau une pâte courte, qui durcit à peine à l'air, mais qui, sous l'eau, se solidifie au bout de quelques jours et acquiert une grande dureté.

Cela tient à ce que l'argile, silicate d'aluminium hydraté, qui a perdu son eau pendant la calcination du calcaire, tend à former au contact de l'eau et de la chaux un silicate double d'aluminium et de calcium, insoluble et très dur. La chaux hydraulique mêlée à du sable donne le *mortier hydraulique*, qu'on emploie dans la construction des fondations des maisons, des quais, des ponts, etc.

Ciment. — Quand la chaux provient de calcaires contenant de 30 à 40 % d'argile, en la mêlant à l'eau elle se solidifie presque instantanément, soit à l'air, soit dans l'eau ; on l'appelle alors ciment.

On trouve en Angleterre, et en France à Boulogne-sur-Mer, à Pouilly (Côte-d'Or), à Vassy (Haute-Marne), des calcaires contenant de l'argile dans les proportions voulues pour donner le ciment ; mais on peut obtenir du ciment artificiel, comme de la chaux hydraulique, en calcinant un mélange convenable de calcaire et d'argile (ciment Vicat).

Le *béton* est un mélange de chaux hydraulique et de cailloux ou de pierres anguleuses, que l'on emploie, en l'appliquant par couches successives sur un sol humide, pour former un sol imperméable et dur, sur lequel on peut établir des fondations ; il sert encore pour poser les piles de ponts, et pour faire des blocs de pierres artificielles, de très grande taille, employés dans la construction des digues.

Sulfate de calcium, SO^4Ca.

30. État naturel. — Le sulfate de calcium existe, dans la nature, à l'état anhydre (*anhydrite*), et surtout à l'état d'hydrate : $SO^4Ca + 2H^2O$, *gypse* ou *pierre à plâtre*, formant des masses considérables dans les terrains tertiaires des environs de Paris, et dans le voisinage du sel gemme.

31. Propriétés. — Le gypse se présente en masses d'un blanc jaunâtre, d'une structure analogue à celle du sucre, par suite de l'enchevêtrement de petits cristaux ; quand il est blanc et translucide, il constitue l'*albâtre gypseux*. Quelquefois, les cristaux se groupent en lentilles aplaties

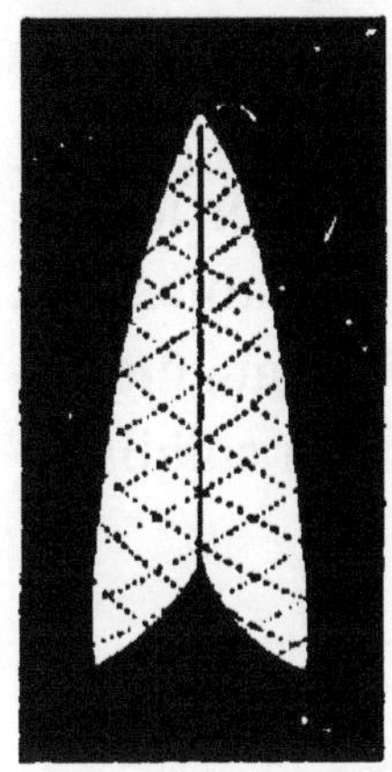

Fig. 10. — Gypse en fer de lance.

qui se clivent très facilement et dont la section présente la forme d'un fer de lance (*fig.* 10). Les lames qu'on en détache sont minces, incolores, transparentes, et peuvent être rayées par l'ongle.

Le sulfate de calcium est très peu soluble dans l'eau ; sa solubilité augmente jusqu'à 38°, où un litre d'eau en dissout $2^{gr},14$, et diminue ensuite. Les eaux qui ont traversé des couches de gypse, ou *eaux séléniteuses*, sont indigestes et impropres à la cuisson des légumes et au savonnage.

Chauffé vers 130°, le gypse perd son eau de cristallisation, il devient blanc, opaque, friable, et constitue le plâtre, qui peut reprendre son eau de cristallisation, en dégageant de la chaleur et en formant une masse compacte de cristaux enchevêtrés.

Si le gypse a été chauffé au rouge, le plâtre formé ne peut plus s'hydrater. Au rouge blanc, le gypse fond, et il donne, par refroidissement, une masse cristalline.

32. Plâtre. — Le gypse est très employé à l'état de plâtre. Pour le transformer en plâtre, on le chauffe à une température qui ne doit pas dépasser 135° ; on dispose, sous un hangar (*fig.* 11), de grosses pierres à plâtre en une série de petites voûtes, que l'on charge de morceaux plus petits ; puis on allume sous les voûtes des feux de fagots.

La vapeur d'eau se dégage ; au bout de 10 à 12 heures, la cuisson est terminée.

On emploie aussi des fours à marche continue (*fig.* 12).

La calcination, malgré les précautions prises pour rendre la température uniforme, n'est jamais la même dans toute la masse ; mais les parties trop cuites ou incomplètement déshydratées, mêlées dans la proportion de 15 à 20 % à celles qui sont calcinées convenablement, donnent un très bon plâtre : elles empêchent l'augmentation de volume qui se produit au moment de la solidifica-

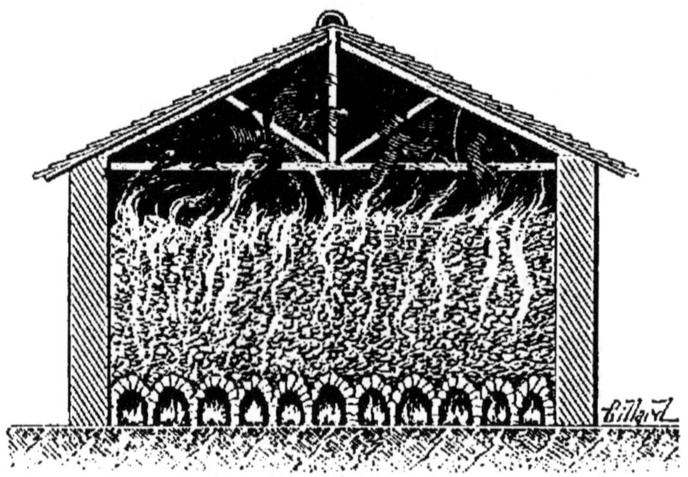

Fig. 11. — Four à plâtre.

tion, d'être trop considérable. Le plâtre est pulvérisé sous des meules et conservé à l'abri de l'humidité ; car s'il absorbe peu à peu de la vapeur d'eau, il *s'évente*, c'est-à-dire qu'il ne fait plus prise avec l'eau.

Usages. — Le plâtre pur s'emploie pour le moulage, pour prendre des empreintes de médailles, etc.; la dilatation qui accompagne sa solidification le fait pénétrer dans tous les détails du moule.

Dans les constructions, on recouvre les murs d'une couche de plâtre pour en combler toutes les anfractuosités, et on peut y façonner des moulures avant qu'il soit complètement pris; on l'emploie aussi pour faire les plafonds.

Il constitue un excellent amendement dans la culture des légumineuses, pour les prairies artificielles.

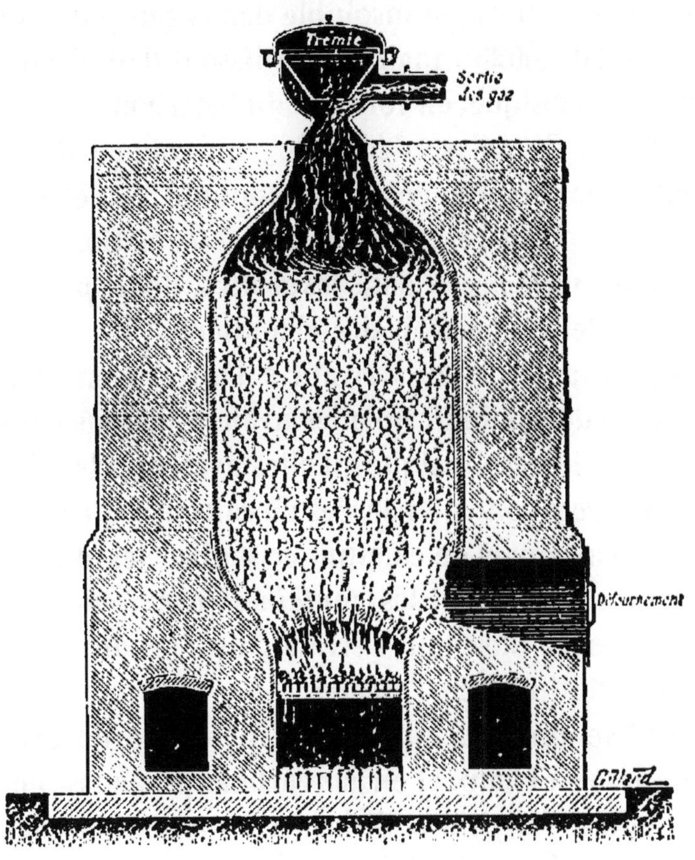

Fig. 12. — Four continu à plâtre.

Gâché avec une dissolution chaude de colle forte, il forme le *stuc*, qui fait prise moins vite que le plâtre, mais qui est plus dur et susceptible de prendre un beau poli. En mélangeant à cette pâte des oxydes métalliques colorés, on obtient des stucs imitant le marbre, dont on fait des lambris, des colonnes, etc.

Le stuc, comme le plâtre, s'altère à l'humidité, et ne peut être employé qu'à l'intérieur des bâtiments.

Carbonate de calcium, CO^3Ca.

33. Propriétés. — Le carbonate de calcium est un corps solide, blanc, presque insoluble dans l'eau pure (1^{lit} d'eau en dissout $0^{gr},0025$), mais qui se dissout dans l'eau chargée d'acide carbonique, en formant du bicarbonate de calcium $(CO^3)^2CaH^2$. Ce sel se dédouble, au contact de l'air, ou quand on le chauffe, en gaz carbonique, eau et carbonate de calcium. C'est ce qui explique la formation des *stalactites* et des *stalagmites* dans les grottes, des *dépôts calcaires* qui incrustent les parois des chaudières : les eaux chauffées ou s'évaporant en arrivant à l'air laissent déposer le carbonate de calcium, qu'elles avaient dissous dans le sol grâce à l'acide carbonique qu'elles avaient pris à l'air. Certaines sources sont si chargées de calcaires qu'elles recouvrent de carbonate de calcium cristallisé les objets qu'on y plonge : telles sont les *fontaines pétrifiantes* de Saint-Allyre près de Clermont-Ferrand, du Sprudel à Carlsbad, de Saint-Philippe, en Toscane.

Sous l'action de la chaleur, le carbonate de calcium se décompose en chaux et en gaz carbonique, aussi ne peut-il être fondu à l'air libre. Si la décomposition s'effectue en vase clos, elle est limitée; le carbonate non décomposé fond, en refroidissant il cristallise et se transforme en marbre, ce qui permet d'expliquer la formation du marbre dans la nature.

Le carbonate de calcium fait effervescence avec les acides, c'est-à-dire qu'il dégage du gaz carbonique et forme un sel de calcium avec l'acide employé; c'est sa propriété caractéristique.

34. État naturel. — C'est le corps le plus répandu dans

la nature, et il se présente sous de nombreux aspects.
A l'état cristallisé, il existe sous deux formes différentes :
le *spath d'Islande*, incolore, transparent, en rhomboèdres
doués de la double réfraction, c'est-à-dire que chaque
rayon incident donne naissance à deux rayons réfractés ;
et l'*aragonite*, en prismes droits à base rectangle, d'un
blanc laiteux, dont la densité 2,9 est un peu supérieure à
celle du spath, 2,7. Le carbonate de calcium constitue
encore les *marbres*, à cassure cristalline, ou en masses
compactes, souvent colorés par des oxydes métalliques ou
des matières bitumineuses, et susceptibles d'un beau poli ;
l'*albâtre calcaire*, translucide et à structure cristalline ; la
pierre lithographique, très compacte, d'un grain très fin.
A l'état amorphe, il forme la plus grande partie des terrains de sédiment, sous le nom de *calcaires*, *pierre à bâtir*,
pierre à chaux, *craie* ; ces roches sont dues à l'aggloméra-
tion des débris de coquilles d'animaux marins.

Enfin, il constitue le *test des mollusques* et des *crustacés*,
la *coquille* des œufs des oiseaux, et il entre pour une
grande part dans la composition des *os* des vertébrés.

35. Usages. — Toutes ces variétés de carbonate de calcium sont utilisées, soit comme pierres de construction,
soit dans la lithographie, la fabrication du blanc d'Espagne que l'on emploie pour polir les métaux ; on s'en
sert encore dans la préparation de la chaux vive, de l'eau
de Seltz artificielle, de la potasse, de la soude, et d'un grand
nombre de composés industriels, et dans l'amendement
des terres.

36. Autres composés du calcium. — On peut encore citer,
parmi les sels de calcium ayant quelque importance pratique,
les phosphates de calcium et le chlorure de chaux.

Phosphate de calcium. — Les phosphates de calcium existent dans les os des animaux, et on les trouve souvent en grande quantité, en *rognons* ou en *nodules*, par exemple dans les Ardennes, le Lot et la Somme; ils sont employés dans la préparation du phosphore, et en agriculture comme engrais.

Chlorure de chaux. — Le chlorure de chaux est un mélange de chlorure et d'hypochlorite de calcium, obtenu en faisant passer un courant de chlore sur de la chaux éteinte :

$$2CaO + 4Cl = (ClO)^2Ca + CaCl^2.$$

C'est un corps solide, blanc, très soluble dans l'eau, répandant l'odeur de l'acide hypochloreux, qu'il dégage sous l'action des acides les plus faibles. Il remplace le chlore dans l'industrie, car il peut en dégager 200 fois son volume; aussi l'emploie-t-on comme désinfectant dans les hôpitaux, les ateliers, les égouts, etc., comme décolorant pour les étoffes de fil et de coton, et pour les chiffons employés à faire le papier. C'est le véhicule le plus ordinaire du chlore.

RÉSUMÉ DU CHAPITRE III

La *chaux* pure CaO est blanche, indécomposable par la chaleur ; au contact de l'eau elle augmente de volume et se transforme en chaux éteinte $Ca(OH)^2$, en dégageant beaucoup de chaleur.

La chaux délayée dans l'eau forme le lait de chaux qui, filtré, donne l'eau de chaux, liquide incolore qui se trouble à l'air en absorbant le gaz carbonique.

On prépare la chaux en calcinant du carbonate de calcium dans des fours intermittents ou continus.

On distingue plusieurs variétés de chaux : chaux grasse, chaux maigre, chaux hydraulique. Elles servent à faire les mortiers, le ciment, le béton.

La chaux est employée dans la préparation des alcalis, du chlorure de chaux et des bougies.

Le *sulfate de calcium* se trouve surtout dans la nature à l'état de gypse ou pierre à plâtre $SO^4Ca + 2H^2O$; il est incolore ou blanc, peu soluble dans l'eau.

Chauffé, il perd son eau et constitue le plâtre qui peut reprendre de l'eau en formant une masse compacte et augmentant de volume. Le plâtre s'emploie pour le moulage, l'ornementation à l'intérieur des maisons ; il peut servir d'amendement.

Le *carbonate de calcium* CO^3Ca est soluble dans l'eau chargée d'acide carbonique ; la chaleur le décompose en chaux et gaz carbonique ; il fait effervescence avec les acides.

Il est très répandu à l'état cristallisé (spath d'Islande, aragonite, marbre) ou à l'état amorphe (pierre lithographique, pierre à bâtir, calcaire grossier, craie).

Il est employé pour les constructions, la lithographie, la fabrication de la chaux.

CHAPITRE IV

FER, FONTE, ACIER

Fer, Fe = 56.

37. Propriétés physiques. — De tous les métaux usuels, le fer est le plus important. C'est un métal d'un gris un peu violet, de densité 7,8. Il fond vers 1500°; mais il se ramollit et devient pâteux avant de fondre, il peut alors se souder à lui-même et prendre toutes les formes par le martelage.

En se solidifiant, il prend une texture grenue, qui devient fibreuse par le martelage; c'est à cet état qu'il est le plus résistant.

Mais cette structure, avec le temps, devient cristalline, surtout si le fer est soumis à des vibrations répétées, et il est alors cassant; c'est pourquoi les pièces de fer exposées aux trépidations, comme les essieux, doivent être recuites et martelées au bout d'un certain temps, bien que leur aspect soit resté le même.

Le fer est malléable, ductile; c'est le plus tenace des métaux usuels : un fil de 2 millimètres de diamètre supporte 250^{kg} sans se rompre.

Le fer est attiré par l'aimant, et s'aimante temporairement tant qu'il est au contact ou dans le voisinage d'un aimant ; il perd ses propriétés magnétiques quand on le chauffe au rouge, et les reprend en se refroidissant.

Dans l'industrie, le fer est toujours uni à de petites quantités de matières étrangères qui modifient ses propriétés physiques ; avec le carbone, il forme la fonte et l'acier, qui seront étudiés en particulier.

38. Propriétés chimiques. — Le fer peut s'unir directement avec tous les métalloïdes, sauf l'azote. A la température ordinaire, il n'est altéré ni par l'air, ni par l'oxygène *secs.*

Au rouge, il se couvre d'oxyde magnétique Fe^3O^4, qui, sous le choc du marteau, se détache en écailles incandescentes ; c'est ce même oxyde qui se forme quand on plonge du fer chauffé au rouge dans un flacon d'*oxygène*, où il brûle avec un grand éclat.

Le fer décompose l'*eau* au rouge sombre en donnant encore Fe^3O^4 et de l'hydrogène.

Dans l'*air humide*, surtout en présence du gaz carbonique, le fer se couvre d'une couche pulvérulente de *rouille*, hydrate de sesquioxyde de fer ; et l'oxydation se propageant peu à peu vers l'intérieur finit par détruire complètement le fer. Pour le préserver de la rouille, on le recouvre d'étain (fer-blanc) ou de zinc (fer galvanisé), ou de plusieurs couches de peinture à base de minium.

L'*acide chlorhydrique* attaque le fer à froid en formant du chlorure de fer $FeCl^2$ et de l'hydrogène.

L'*acide sulfurique*, étendu, forme avec lui du sulfate ferreux SO^4Fe et de l'hydrogène ; concentré, l'acide n'agit plus qu'à chaud et dégage alors du gaz sulfureux.

L'acide azotique étendu donne avec le fer de l'azotate de fer $(AzO^3)^2Fe$ et du protoxyde d'azote mêlé à du bioxyde ; l'acide concentré ne l'attaque pas, et même le rend passif, c'est-à-dire inattaquable par l'acide étendu.

Métallurgie du fer.

39. État naturel. Minerais. — Le fer est très répandu dans la nature ; pourtant ce n'est pas le premier métal qui ait été connu, car on ne le trouve que rarement à l'état natif, et ses minerais exigent un traitement assez compliqué pour fournir le métal.

Les principaux composés naturels du fer employés comme minerais sont :

L'*oxyde magnétique* Fe^3O^4, sorte de pierre noire granuleuse, renfermant peu de matières étrangères et donnant du fer d'excellente qualité ; on le trouve en Suède et en Norwège ;

Le *sesquioxyde* Fe^2O^3, qui, anhydre et cristallisé, constitue le *fer oligiste* de l'île d'Elbe et des Vosges ; et amorphe, l'*hématite rouge*, en masses compactes et fibreuses, ou l'*ocre rouge*, d'aspect terreux.

Le sesquioxyde hydraté forme des masses jaunes et brunes, exploitées sous les noms de *limonite*, *hématite brune*, ou *fer oolithique* ;

Le *carbonate de fer* CO^3Fe, ou *fer spathique*, qui se trouve surtout dans les Pyrénées, à Saint-Étienne, à Anzin, et en Angleterre, dans le voisinage des mines de houille.

Le fer est très abondant aussi à l'état de *sulfure* FeS^2, nommé *pyrite* ou *marcassite* suivant son aspect ; mais ces composés ne peuvent être employés comme minerais de fer, parce que le fer qu'ils fournissent est rendu cassant par le soufre, qui ne peut jamais être complètement éliminé.

40. Traitement mécanique. — Le minerai est toujours mélangé à des roches étrangères, le plus souvent siliceuses, constituant la *gangue*, et à des matières terreuses; on l'en sépare par un traitement mécanique qui s'applique aussi aux minerais de la plupart des autres métaux.

Pour cela on fait un *triage* à la main qui sépare le minerai à peu près pur et les morceaux formés de gangue seulement, de ceux qui sont composés de gangue et de minerai; ces derniers sont *broyés* entre des cylindres cannelés, puis *bocardés*, c'est-à-dire pulvérisés à l'aide de pilons ou bocards munis d'une tête en fonte. Ensuite le minerai est lavé dans des auges inclinées; le courant d'eau entraîne les matières terreuses et produit un dernier triage grâce à la différence de densité de la gangue et du minerai.

41. Traitement chimique. — Le traitement chimique, qui a pour but d'extraire le métal du minerai, est fondé sur la *réduction des oxydes de fer par le charbon* (le carbonate est transformé en oxyde par calcination). Mais comme il reste toujours de la gangue, et que le fer ne peut être fondu et aggloméré qu'à haute température, il se forme, avec la silice et l'argile de la gangue, un silicate double d'aluminium et de fer qui peut entraîner et faire perdre jusqu'à 30 % du fer du minerai. Aussi ce procédé n'est-il plus employé que dans les pays où le minerai est riche et le bois abondant, comme en Catalogne, dans les Pyrénées, en Corse (*méthode catalane*).

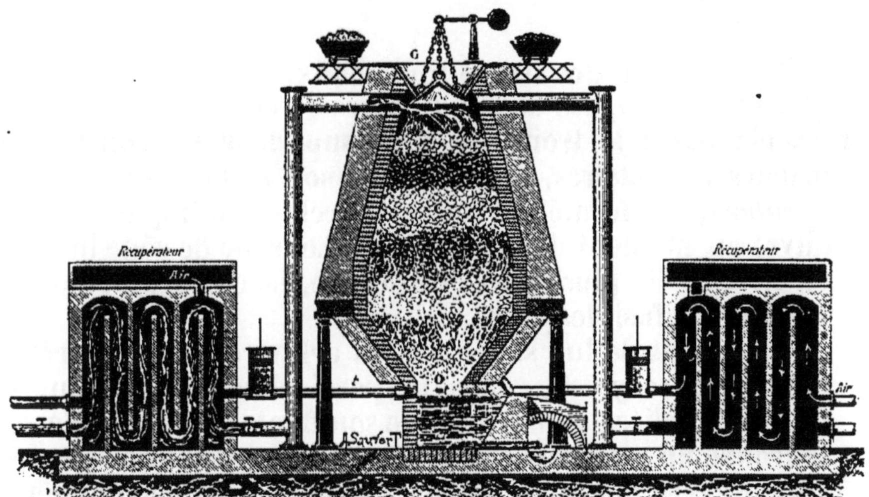

Fig. 13. — Haut fourneau.

Pour éviter cette perte de fer, on peut ajouter au minerai du carbonate de calcium, qui forme avec la gangue une *scorie* ou *laitier*, silicate double d'aluminium et de calcium ; mais ce silicate étant moins fusible que le précédent, il faut élever beaucoup la température ; le fer, chauffé avec le charbon se combine alors avec lui, et l'on obtient de la *fonte*, qu'il faut soumettre à un nouveau traitement pour avoir du fer pur. C'est le principe de la *méthode des hauts fourneaux*, qui est employée partout aujourd'hui.

42. Méthode des hauts fourneaux. — Un haut fourneau (*fig.* 13) se compose de deux troncs de cône réunis par leur grande base ; le tronc de cône supérieur C, construit en briques réfractaires, est la *cuve* ; son orifice supérieur, ou *gueulard*, est fermé par un couvercle métallique, que l'on ouvre au moment du chargement. Le tronc de cône inférieur ou *étalages* E, plus court que la cuve, est construit en pierres siliceuses infusibles.

Au-dessous de lui, se trouve un cylindre en pierres réfractaires, l'*ouvrage* O, dans la paroi duquel s'ouvrent des tuyères *t* reliées à une machine soufflante ; enfin, au-dessous se trouve un réservoir carré, le *creuset c*, dont une des parois latérales est ouverte ; la pierre qui ferme incomplètement cette paroi, ou *dame d*, se prolonge en avant du fourneau par un plan incliné, sur lequel s'écoulera le laitier ; et à la base du creuset se trouve un *trou de coulée*, qui est bouché pendant l'opération par un tampon d'argile.

La hauteur totale du haut fourneau est d'environ 10^m quand le combustible employé est du charbon de bois ; elle peut atteindre 15 à 20^m quand on emploie du coke.

Pour mettre le fourneau en marche, on y introduit une grande quantité de combustible, que l'on allume et dont on active la combustion à l'aide de la soufflerie ; puis on y ajoute, par le gueulard, des couches alternatives de minerai, de calcaire et de charbon ; si la gangue est calcaire, on remplace le calcaire par des matières siliceuses.

Au voisinage des tuyères, le charbon brûlant dans un excès d'air donne du gaz carbonique qui, en traversant le charbon incandescent qu'il rencontre à la base de la cuve, se transforme en oxyde de carbone ; celui-ci réduit le minerai et repasse à l'état de gaz carbonique. Le gaz qui se dégage du gueulard est donc formé d'oxyde de carbone, d'anhydride carbonique et de l'azote de l'air ; il renferme aussi de l'hydrogène provenant de l'action du charbon sur la vapeur d'eau du minerai. Ce gaz est combustible ; on le recueille dans le voisinage du gueulard et on utilise la chaleur de sa combustion pour échauffer, dans des chambres appelées *récupérateurs*, l'air qu'on injecte par les tuyères ; on obtient ainsi une économie de combustible et une marche plus régulière de l'opération.

Pendant que les gaz s'élèvent, les matières solides descendent peu à peu vers le creuset.

Dans la partie supérieure de la cuve, le minerai se dessèche ; dans la partie inférieure, il est réduit par l'oxyde de carbone, et le calcaire perd son gaz carbonique en formant de la chaux.

Dans les étalages, le fer se carbure et la chaux se combine à la silice et à l'argile ; la fonte et le laitier formés fondent dans l'ouvrage, où la température atteint 1800° ; les liquides arrivent dans le creuset, le laitier, qui est le plus léger, restant au-dessus de la fonte.

Quand la scorie atteint la partie supérieure de la dame, elle s'écoule sur le plan incliné, où elle se solidifie ; et lorsque la fonte remplit le creuset, on ouvre le trou de coulée ; la fonte coule dans des canaux creusés sur le sol de l'usine et se solidifie sous forme de demi-cylindres appelés *gueuses*.

Fontes.

43. Propriétés. — La fonte est un carbure de fer, contenant de 2 à 5 % de carbone ; elle renferme souvent aussi du silicium, du phosphore, du soufre, du manganèse provenant de la gangue ou du minerai. Elle peut se présenter sous deux aspects : la fonte grise quand la température du haut fourneau a été très élevée, et la fonte blanche si la température a été moindre.

La *fonte grise* doit sa couleur à un excès de carbone non

combiné au fer, mais dissous dans le métal, et qui se
sépare pendant le refroidissement sous forme de paillettes
de graphite. Sa densité est 7. Elle est grenue et peut être
travaillée à la lime et au tour; elle fond à 1200° et devient
très fluide; en se solidifiant elle augmente de volume, ce
qui la rend très propre au moulage.

La *fonte blanche* est d'un blanc argentin, elle est dure,
friable, cassante et ne peut être limée; sa densité est 7,6.
Elle fond vers 1100°, en restant pâteuse, ce qui l'empêche
de se mouler.

44. Usages des fontes. — La fonte grise est employée
pour le moulage d'un grand nombre d'ustensiles ou d'appareils utilisés dans l'industrie et dans l'économie domestique : pièces de machines, grilles, colonnes, conduites
d'eau, de gaz, fourneaux, ustensiles de ménage, statues,
vases, etc.

Pour les grandes pièces ou les objets grossiers, la fonte
peut être coulée dans les moules au sortir du haut fourneau. Pour les objets qui doivent avoir un fini plus grand,
on refond la fonte dans des petits fourneaux ou *cubilots*,
d'où la fonte liquide est prise avec des poches en fer et
versée dans des moules en sable obtenus en tassant fortement le sable autour de modèles en bois, et maintenus par
des châssis de fer.

La fonte blanche est utilisée pour la fabrication du fer
et de l'acier.

45. Affinage de la fonte. Fer doux. — Pour obtenir
le fer doux, débarrassé autant que possible du carbone et
des autres matières, on affine la fonte en la chauffant et la
soumettant à l'action de l'oxygène : le carbone passe à

l'état d'oxyde de carbone ; le silicium et le phosphore donnent des silicates et des phosphates de fer très fusibles.

Pour cela, on emploie aujourd'hui le procédé anglais ou *puddlage*, qui consiste à décarburer la fonte en la chauffant au rouge au moyen de la flamme de la houille, sans la mettre en contact avec la houille même qui contient du soufre et altérerait le fer. L'oxygène est fourni au carbone de la fonte par des scories riches en oxyde de fer, ou par des *battitures*, oxyde qui se détache en lamelles du fer martelé au rouge, et qu'on mélange à la fonte dans les fours à puddler (*fig.* 14) ; de l'oxyde de carbone se dégage de la masse pâteuse, et brûle avec une flamme bleue. La masse doit être constamment brassée, et comme cette opération est très pénible pour les ouvriers, on emploie des fours

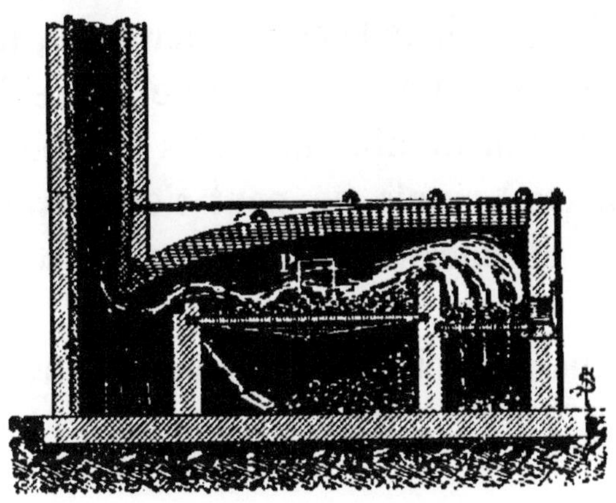

Fig. 14. — Four à puddler.

animés d'un mouvement de rotation (*puddlage mécanique*). Le fer est ensuite porté au marteau pilon, pour en extraire les scories, et l'agglomérer, puisqu'il n'a pas été fondu.

Le fer ainsi obtenu contient encore 0,05 % de carbone et des traces de silicium.

Pour avoir du fer chimiquement pur, on réduit l'oxalate de fer ou le sesquioxyde de fer pur par l'hydrogène.

46. Usages du fer. — Le fer est d'un usage absolument universel : il remplace souvent le bois et la pierre dans la construction des maisons, des ponts, des charpentes, des navires ; il sert à faire des tubes, des clous, des fils ; mais ce n'est que quand il est bien pur qu'il peut s'étirer en fils très fins (fils d'archal ou fils de clavecin). Martelé et laminé en feuilles minces, il constitue la *tôle*, employée pour la fabrication de réservoirs, de fourneaux, de tuyaux de poêles ; recouvert d'étain, c'est le *fer-blanc*, dont on fait des ustensiles de cuisine, etc.; recouvert de zinc, c'est le *fer galvanisé*, qui s'altère moins vite que le fer-blanc quand la couche protectrice est enlevée en quelque point, parce que dans le couple électrique formé par les deux métaux l'oxygène provenant de la décomposition de l'eau se porte sur le zinc, tandis que dans le couple fer-étain, il se porte sur le fer, qui se rouille alors plus vite que s'il était seul. Le fer galvanisé a de nombreux usages (fils télégraphiques, lessiveuses, etc.), mais ne peut s'employer pour faire des ustensiles de cuisine, parce que les sels de zinc sont vénéneux.

Le fer doux sert dans la construction des électro-aimants.

Aciers.

47. Propriétés. — L'acier est du fer combiné avec 0,7 à 1,5 °/₀ de carbone ; il est donc intermédiaire, comme composition, entre la fonte et le fer doux. Il est blanc, brillant ; sa densité est 7,7 ; il est plus fusible, plus malléable et moins ductile que le fer.

L'acier refroidi lentement est aussi mou que le fer et se laisse travailler comme lui ; mais *trempé*, c'est-à-dire chauffé au rouge, puis refroidi brusquement en le trempant dans un liquide froid, il devient très élastique, cassant, et assez dur pour rayer le verre et ne pouvoir être limé. Si on le chauffe de nouveau au rouge et qu'on le refroidisse lentement, il redevient mou ; on peut lui faire acquérir une dureté convenable, suivant les usages auxquels on le destine, en le *recuisant* à une température plus ou moins élevée, et la température du recuit est indiquée par la teinte variable que donne à l'acier une oxydation superficielle.

48. Fabrication de l'acier. — On peut le préparer soit en décarburant incomplètement la fonte (acier naturel, acier puddlé), soit en carburant le fer (acier de cémentation).

L'acier naturel ou acier de forge s'obtient en affinant des fontes pures avec de l'oxyde des battitures ; *l'acier puddlé* en puddlant (45) incomplètement des fontes contenant du manganèse ; on arrête la réaction quand l'affinage est jugé suffisant.

L'acier de cémentation s'obtient en chauffant au rouge, dans des caisses en briques réfractaires, des barres de fer recouvertes d'un cément formé de poussier de charbon, de cendres et de sel marin. L'opération dure 10 à 15 jours. L'acier obtenu n'est pas homogène, les parties superficielles étant toujours plus carburées que l'intérieur. Aussi doit-il être ensuite martelé, laminé, soudé, ou fondu dans des creusets en plombagine (*acier fondu*).

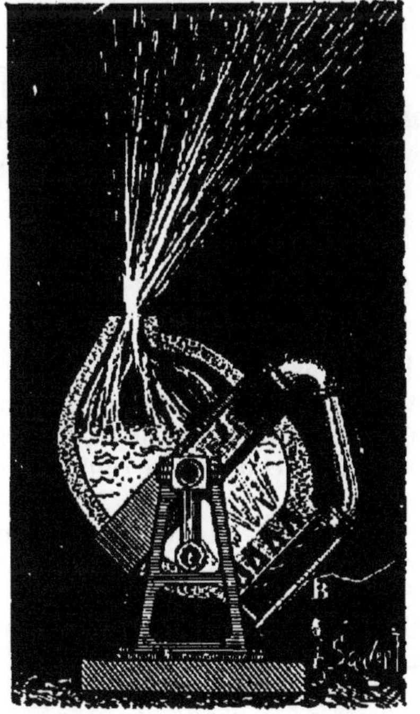
Fig. 15. — Convertisseur Bessemer.

49. Procédé Bessemer. — On emploie beaucoup maintenant le procédé Bessemer, qui donne rapidement de grandes quantités d'un fer aciéreux très homogène et susceptible d'acquérir par la trempe une certaine dureté. On introduit de la fonte en fusion dans un *convertisseur*, grande cornue de fer doublée intérieurement de briques réfractaires et mobile autour d'un axe horizontal (*fig.* 15). On y injecte par un tube latéral un fort courant d'air qui oxyde le carbone, le phosphore et le silicium, et en même temps chauffe et brasse la masse en fusion ; puis on y ajoute de la fonte manganésifère qui fournit le carbone nécessaire à la transformation en acier, et dont le manganèse enlève le reste du silicium.

On peut couler ainsi 10.000 kilog. d'acier en une fois.

50. Usages. — L'acier de forge et l'acier puddlé servent à faire les sabres, les épées, les scies, la grosse coutellerie, les ressorts de voiture, les instruments aratoires.

L'acier de cémentation et l'acier fondu, plus homogènes, sont employés dans la fabrication de la quincaillerie, de la coutellerie fine, des burins, des laminoirs, des coins de monnaie, des instruments de chirurgie, des ressorts de montre, de la bijouterie d'acier.

L'acier Bessemer s'emploie pour les plaques de blindage, les rails, les bandages de roues, les canons, les affûts, les projectiles, etc. L'acier sert à faire les aimants artificiels.

RÉSUMÉ DU CHAPITRE IV

Le *fer* Fe est gris violacé ; il devient pâteux avant de fondre et peut alors se souder à lui-même ; il est malléable, ductile, très tenace ; il a des propriétés magnétiques. Chauffé au rouge, il forme de l'oxyde Fe^3O^4 ; dans l'air humide, il se couvre de rouille, sesquioxyde de fer hydraté.

Le fer est très répandu dans la nature ; on emploie surtout comme minerais les oxydes et le carbonate de fer.

La métallurgie du fer est fondée sur la réduction des oxydes de fer par le charbon. Cette réduction se fait dans les hauts fourneaux ; la gangue forme, avec un fondant convenable, un laitier fusible, et le fer en s'unissant au carbone passe à l'état de fonte.

Les *fontes* sont du fer avec 2 à 5 °/₀ de carbone ; la fonte grise renferme du carbone libre, elle se travaille facilement, devient très fluide et s'emploie surtout pour le moulage ; la fonte blanche ne renferme que du carbone combiné, elle est cassante, fond en restant pâteuse et sert à la fabrication du fer et de l'acier.

Le *fer doux* s'obtient en oxydant le carbone et les autres matières étrangères contenus dans la fonte, par le puddlage.

Le fer est employé dans les constructions, et pour faire les clous, les ustensiles de ménage (en tôle, fer-blanc, fer galvanisé), les électro-aimants, les fils télégraphiques, etc.

L'*acier* renferme de 0,7 à 1,5 °/₀ de carbone, il est intermédiaire entre la fonte et le fer doux ; il est très dur et très élastique quand il est trempé. On le prépare en décarburant incomplètement la fonte ou en carburant le fer doux.

Il est employé dans la coutellerie, la quincaillerie, dans la fabrication des machines, des pièces d'artillerie, des aimants artificiels, etc.

———

CHAPITRE V

ZINC. ÉTAIN

———

Zinc, Zn = 65.

51. Propriétés. — Le zinc est un métal d'un blanc bleuâtre, à texture cristalline ; il fond vers 410° et entre en ébullition vers 1000° ; sa densité est 6,86 et peut s'élever à 7,2 par le martelage.

A la température ordinaire, il est cassant ; aussi, pour le laminer, faut-il le porter à 140° ; au-delà de 150° il redevient cassant, et à 200° il peut être pulvérisé dans un mortier.

Il se travaille difficilement à la lime, il *graisse* l'outil.

Le zinc ne s'oxyde pas à la température ordinaire dans

l'air ni l'oxygène secs ; au rouge, il brûle à l'air avec une flamme blanche très brillante et donne des flocons blancs et très légers d'oxyde de zinc ZnO.

A *l'air humide*, il se ternit par suite de la formation, à la surface du métal, d'une couche d'hydrocarbonate, imperméable, qui protège le reste du métal du contact de l'air.

Les *acides* l'attaquent vivement, en dégageant de l'hydrogène, et formant un sel de zinc qui se dissout :

$$SO^4H^2 + Zn = SO^4Zn + H^2,$$
$$2HCl + Zn = ZnCl^2 + H^2.$$

Le zinc *pur* n'est attaqué que lentement par les acides ; mais en présence de métaux étrangers la réaction est très vive, ces métaux formant avec lui un élément de pile, dans lequel l'oxygène provenant de la décomposition de l'eau se porte sur le zinc ; c'est pourquoi le zinc du commerce, toujours impur, est attaqué si facilement, et pourquoi le zinc pur, dans les piles, ne s'use que lorsque le circuit est fermé.

Les *bases fortes* attaquent le zinc, à chaud, en formant des sels ou *zincates*, dans lesquels l'oxyde de zinc joue le rôle d'acide :

$$Zn + 2KOH = ZnO^2K^2 + H^2.$$

52. Métallurgie. — Le zinc ne se trouve pas à l'état natif ; ses minerais sont le sulfure ou *blende* ZnS, et le carbonate ou *calamine*, CO^3Zn. *On les calcine d'abord à l'air*, pour les transformer en oxyde de zinc ; il se dégage du gaz sulfureux ou du gaz carbonique :

$$CO^3Zn = ZnO + CO^2,$$
$$ZnS + 3O = ZnO + SO^2.$$

L'oxyde de zinc formé est ensuite calciné avec du charbon, qui le réduit ; et le métal distille et vient se condenser dans des récipients refroidis :

$$ZnO + C = Zn + CO.$$

Les procédés employés ne diffèrent, d'un pays à l'autre, que par la forme des appareils dans lesquels on chauffe le mélange et des fourneaux que l'on emploie.

53. Usages. — Le zinc sert à couvrir les toits, à fabriquer des gouttières, des baignoires, des arrosoirs, etc. ; on en fait, par moulage, des statuettes, des vases, des candélabres ; il sert à recouvrir le fer, pour le préserver de l'oxydation (46), et il entre dans la composition de plusieurs alliages, laiton, maillechort, etc. C'est toujours lui qui forme le pôle négatif des piles employées dans l'industrie.

On ne peut pas s'en servir pour faire des ustensiles de cuisine, parce qu'avec les acides il forme des sels vénéneux.

54. Oxyde de zinc. — L'oxyde de zinc ZnO, qui se produit quand on calcine les minerais de zinc, ou en brûlant du zinc à l'air, est un corps solide, blanc, très léger ; il jaunit quand on le chauffe, mais redevient blanc par refroidissement. Il est infusible et indécomposable aux températures de nos fourneaux. C'est un oxyde indifférent, jouant tantôt le rôle de base, tantôt celui d'acide.

Sous le nom de *blanc de zinc* on l'emploie dans la peinture pour remplacer le blanc de plomb ou céruse, sur lequel il a l'avantage d'être moins vénéneux, et de ne pas noircir par les émanations sulfhydriques, car il forme alors un sulfure ZnS, blanc ; mais il *couvre* moins que la céruse et résiste moins bien aux intempéries de l'air.

Étain, $Sn = 118$.

55. Propriétés. — L'étain est un métal d'un blanc d'argent, qui acquiert par le frottement une odeur désagréable ; sa densité est 7,3 ; il fond à 228° et ne se volatilise pas.

Par refroidissement, il cristallise ; et quand on plie un barreau d'étain, on entend un bruit particulier, appelé *cri de l'étain*, dû au frottement ou à la rupture des cristaux enchevêtrés. Il est flexible, mais non élastique. C'est un métal mou, très malléable, qui ne s'écrouit pas ; mais il est peu tenace.

L'étain ne s'oxyde pas sensiblement à la température ordinaire, bien qu'il se ternisse un peu ; mais quand on le fond, sa surface se couvre rapidement d'un mélange de protoxyde et de bioxyde d'étain ; et au rouge vif, il brûle en donnant du bioxyde SnO^2.

Il décompose l'*eau* au rouge, en donnant encore SnO^2 et de l'hydrogène.

Il se combine directement avec presque tous les *métalloïdes* ; il est attaqué à une température plus ou moins élevée par les *acides*, avec lesquels il donne des sels ou des oxydes d'étain, et par les *alcalis*, avec lesquels il forme des stannates.

56. Métallurgie. — Le seul minerai d'étain est le bioxyde SnO^2, ou *cassitérite* ; il est très facilement réductible par le charbon, aussi l'étain fut-il connu dès la plus haute antiquité. Le bioxyde d'étain est généralement mêlé à des sulfures et des arséniures de fer, de cuivre, de plomb, etc., que l'on oxyde par un grillage à l'air ; ces oxydes, pulvérulents, sont entraînés par un lavage ; puis *le minerai est chauffé avec du charbon de bois :* l'oxyde est réduit ; le métal fondu se sépare facilement des scories plus légères.

On affine l'étain obtenu en le chauffant sur la sole d'un four à réverbère ; l'étain fond le premier et se sépare, par liquation, des métaux étrangers avec lesquels il était allié.

57. Usages. — L'étain sert à faire les feuilles minces dont on enveloppe le chocolat, le thé ; comme il est inaltérable à l'air, et que ses sels ne sont pas vénéneux, on en fait des plats, des couverts ; mais à cause de son peu de dureté on l'emploie plus encore pour recouvrir, ou *étamer* les ustensiles de fer ou de cuivre destinés à la cuisson des aliments.

Les objets en fer sont d'abord nettoyés avec du sable, puis trempés dans un bain d'étain fondu, et frottés avec des étoupes imbibées de sel ammoniac.

Le *fer-blanc* est de la tôle recouverte d'étain ; pour le fabriquer, on *décape* la tôle en la plongeant dans un acide étendu, pour enlever l'oxyde qui pouvait s'être formé à sa surface ; on la frotte avec de l'étoupe ou du sable et on la plonge dans un bain de suif pour la sécher ; puis dans un bain d'étain couvert lui-même de suif qui en empêche l'oxydation. Après une heure et demie environ, la feuille de tôle est étamée ; il s'est fait à sa surface une couche d'alliage de fer et d'étain, recouverte d'une couche d'étain.

En lavant le fer-blanc avec une eau régale faible, on dissout la couche superficielle, et on met à nu l'alliage, cristallisé, qui produit le *moiré métallique* ; ce moiré s'altérant à l'air doit être recouvert d'un vernis transparent.

L'étain entre dans la composition du bronze, de l'alliage employé pour faire les mesures de capacité, de la soudure des plombiers ; avec le mercure, il forme le *tain* des glaces.

RÉSUMÉ DU CHAPITRE V

Le *zinc* Zn est blanc bleuâtre, cassant, ductile et malléable vers 150°. Il s'oxyde au rouge en brûlant avec une flamme blanche ; il s'altère superficiellement dans l'air humide. Il est attaqué par les acides. On l'extrait de ses minerais (sulfure ou blende, et carbonate ou calamine) en les grillant à l'air, puis en réduisant par le charbon l'oxyde de zinc formé.

Le zinc sert à couvrir les toits, à faire des gouttières, des baignoires, à galvaniser le fer ; il entre dans la composition du laiton et du maillechort, et forme un des pôles des piles.

L'*étain* Sn est blanc d'argent, flexible, très malléable et peu tenace ; il est très fusible, et s'oxyde à l'air quand il est fondu. Il décompose l'eau au rouge et est attaqué par les acides et les alcalis.

L'étain s'extrait du bioxyde ou cassitérite, qui est très facilement réduit par le charbon.

L'étain sert à faire des feuilles minces pour envelopper le chocolat, des ustensiles de cuisine, à étamer le fer et le cuivre ; il entre dans la composition de l'alliage des mesures de capacité, de la soudure des plombiers, du tain des glaces, etc.

CHAPITRE VI

PLOMB. CUIVRE

Plomb, $Pb = 207$.

58. Propriétés. — Le plomb est un métal d'un gris bleuâtre, très brillant quand sa surface vient d'être mise à nu ; sa densité est 11,37 ; il fond vers 330° et se volatilise sensiblement au rouge. Il est assez mou pour être rayé par l'ongle et laisser une trace sur le papier ; il est très malléable et ne s'écrouit pas, mais c'est le moins tenace des métaux usuels, aussi ne peut-on l'étirer en fils très fins ; il est très flexible, et pas élastique.

A l'*air*, le plomb se ternit rapidement, en se couvrant d'une couche blanchâtre de sous-oxyde de plomb Pb^2O, ou si l'air est humide, d'hydro-carbonate de plomb, qui le garantit de l'oxydation. Chauffé au-dessus de son point de fusion, il s'oxyde en donnant du protoxyde PbO.

Au contact des *eaux de pluie*, ou de l'eau distillée aérée et contenant de l'acide carbonique, le plomb se recouvre d'hydrocarbonate, un peu soluble dans l'eau, et vénéneux comme tous les sels de plomb. C'est pourquoi les eaux de pluie qui ont passé sur des toitures ou dans des réservoirs en plomb, deviennent impropres à l'alimentation.

Les *eaux de source* ou de rivière, qui contiennent des sulfates solubles, ne dissolvent pas le plomb parce qu'elles le recouvrent d'une mince couche de sulfate de plomb insoluble ; aussi les eaux potables peuvent-elles passer et même séjourner sans inconvénient dans des tuyaux de plomb.

L'*acide chlorhydrique* et l'*acide sulfurique* n'attaquent le plomb que quand ils sont concentrés et bouillants.

L'*acide azotique* le dissout à la température ordinaire, en formant de l'azotate de plomb et dégageant des vapeurs rutilantes.

Les *acides organiques* attaquent le plomb en présence de l'air ; aussi ne peut-on l'employer pour faire des ustensiles de cuisine.

Les sels de plomb sont très vénéneux ; ils produisent une intoxication lente, qui se manifeste par l'amaigrissement, la décoloration de la peau, des coliques appelées *coliques saturnines* ou *coliques de plomb*, et qui peut amener la paralysie. On emploie comme contrepoison l'iodure de potassium, qui rend peu à peu solubles le plomb et ses composés, et les élimine par les reins.

59. Métallurgie. — Le plomb se rencontre quelquefois à l'état natif ; mais il existe surtout dans la nature à l'état de carbonate CO^3Pb ou *cérusite*, et plus encore de sulfure PbS ou *galène*.

Le traitement du carbonate est très simple, car il suffit de le chauffer avec du charbon pour obtenir le métal.

Pour extraire le plomb de la galène, on emploie divers procédés suivant la richesse du minerai et la nature de sa gangue.

I. Méthode par réaction. — Lorsque le minerai est riche et la gangue peu siliceuse, *on calcine la galène à l'air,* pour la transformer partiellement en oxyde de plomb et sulfate, pendant que du soufre passe à l'état de gaz sulfureux. *Puis on continue la calcination à l'abri de l'air, et à plus haute température;* le sulfure de plomb non oxydé prend alors l'oxygène à l'oxyde et au sulfate pour former du gaz sulfureux, et le plomb reste libre :

$$PbS + 2PbO = 3Pb + SO^2,$$
$$PbS + SO^4Pb = 2Pb + 2SO^2.$$

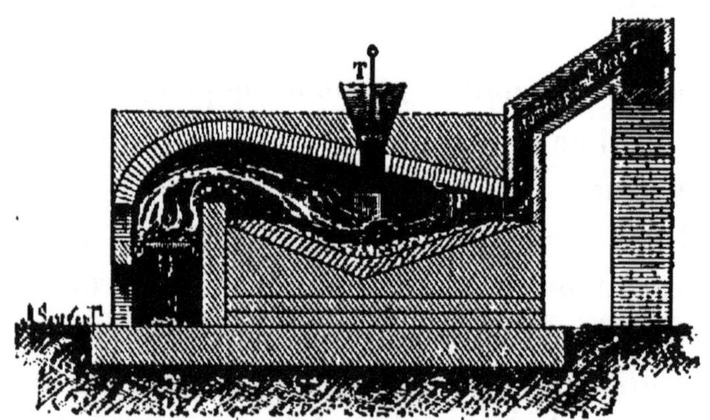

Fig. 16. — Four pour grillage et réaction.

L'opération se fait dans un four à réverbère chauffé par un foyer latéral et dont la sole présente en son milieu une excavation où le métal fondu se rassemble (*fig.* 16).

Le minerai est d'abord grillé dans un courant d'air qui

arrive par des ouvertures latérales ; puis quand l'oxydation paraît suffisante, on ferme ces ouvertures et on donne un fort coup de feu ; le plomb fondu se rassemble dans le creux de la sole, d'où on le fait écouler à l'extérieur. Comme on ne peut déterminer exactement le moment où le sulfure, le sulfate et l'oxyde sont dans les proportions nécessaires pour les réactions, on procède par grillages et coups de feu successifs.

II. Méthode par réduction. — Si le minerai est pauvre, et la gangue très siliceuse, on ne peut employer la méthode précédente, parce qu'elle ferait passer une grande partie du minerai à l'état de silicate de plomb. *On réduit alors la galène en la chauffant avec de vieilles ferrailles ;* il se fait du sulfure de fer et du plomb :

$$PbS + Fe = FeS + Pb.$$

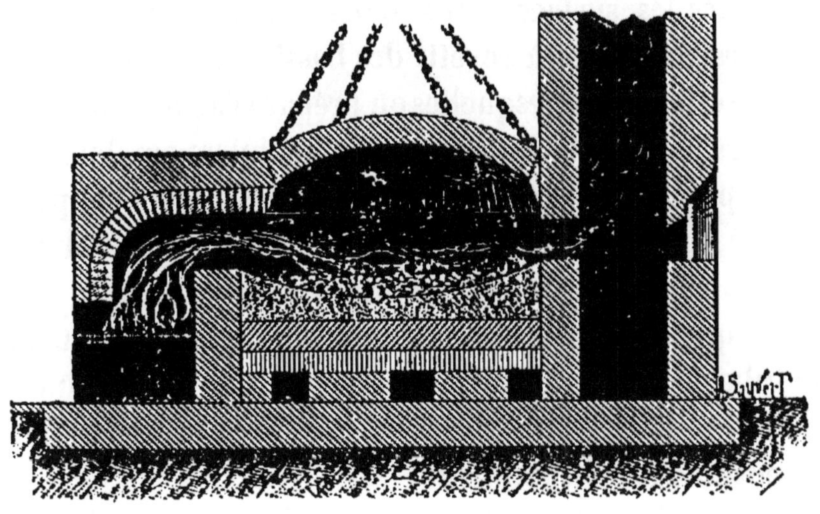

Fig. 17. — Four de coupellation.

60. Traitement du plomb argentifère. — La galène contient presque toujours du sulfure d'argent qui est réduit pendant le traitement du minerai, et le plomb peut contenir jusqu'à 2 % d'argent ; dès que la proportion d'argent atteint 1/5000, il y a avantage à l'extraire ; on appelle alors le plomb, *plomb d'œuvre.*

On peut en séparer l'argent par plusieurs procédés dont le plus simple est la *coupellation*, qui consiste à transformer le plomb en oxyde ou *litharge* fusible, tandis que l'argent n'est pas altéré. Le plomb est fondu sur la *coupelle* C ou sole en forme de calotte sphérique d'une sorte de four à réverbère (*fig.* 17); puis on fait arriver à sa surface, par des tuyères T, un fort courant d'air, qui oxyde le plomb et pousse la litharge formée vers le bord opposé de la coupelle, d'où elle s'écoule par un canal. L'argent reste dans la coupelle; et la litharge peut être employée directement ou transformée de nouveau en plomb par calcination avec du charbon.

61. Usages du plomb. — Le plomb est très employé; il occupe, pour la production, le troisième rang parmi les métaux usuels. On en fait des feuilles minces pour les toitures, des tuyaux pour les conduites d'eau et de gaz, à cause de la facilité avec laquelle il se plie et s'applique sur toutes les surfaces sans se déchirer; il sert encore à faire des gouttières, à revêtir des bassins, à faire les parois des chambres dans lesquelles on prépare l'acide sulfurique, à sceller le fer dans la pierre; les jardiniers emploient les fils de plomb pour attacher les branches à leurs supports.

Pour obtenir des fils fins, ou des tuyaux sans soudure, on comprime, à l'aide d'une presse hydraulique, le métal fondu que l'on force ainsi à passer dans des trous, ou dans un tube de fer contenant en son centre une tige pleine; le plomb se solidifie au sortir du moule et le tuyau formé est enroulé sur un tambour.

Le plomb sert encore à la fabrication du plomb de chasse, des balles de fusil, des oxydes de plomb, de la céruse; il entre dans la composition des caractères d'imprimerie, de la soudure des plombiers et des ferblantiers, et de l'alliage des mesures d'étain.

Principaux composés du plomb.

62. Oxydes de plomb. — On connaît plusieurs oxydes de plomb, dont les plus importants sont le protoxyde PbO et l'oxyde salin Pb^3O^4.

Le *protoxyde* PbO est appelé *massicot*, et forme une poudre d'un jaune sale quand on le prépare en calcinant du plomb à l'air sans atteindre la température du rouge ; si on le chauffe au rouge, il fond, prend par refroidissement un aspect cristallin et une couleur orangée, c'est alors la *litharge*.

En versant de la potasse ou de l'ammoniaque dans un sel de plomb dissous, on obtient un précipité blanc d'*hydrate de plomb* $Pb(OH)^2$.

L'*oxyde salin* Pb^3O^4 ou *minium* est une poudre d'un rouge orangé vif, très dense, que l'on obtient en chauffant le massicot au contact de l'air, à 300°. A une température plus élevée, le minium noircit, puis se transforme en litharge, en dégageant de l'oxygène.

Usages. — La litharge sert à préparer l'acétate de plomb, la céruse, les emplâtres employés en pharmacie ; elle rend l'huile de lin siccative, et entre dans la composition de plusieurs couleurs jaunes.

Le massicot n'est utilisé qu'à la préparation du minium.

Le minium sert à colorer les papiers de tenture, la cire à cacheter, à fabriquer les peintures destinées à recouvrir le fer pour en empêcher l'oxydation à l'air ; mélangé avec de l'huile et de la céruse, il forme un mastic employé pour luter les joints des chaudières ; il sert surtout dans la préparation du cristal, du strass, du vernis des poteries ordinaires et de l'émail des faïences.

63. Hydrocarbonate de plomb, $2CO^3Pb + Pb(OH)^2$. — La *céruse* employée dans l'industrie a une composition variable, mais qui s'écarte peu de celle de l'hydrocarbonate

$$2CO^3Pb + Pb(OH)^2.$$

C'est un corps blanc, insoluble dans l'eau, mais soluble dans l'eau chargée d'acide carbonique, et surtout dans les acides chlorhydrique et azotique.

L'*hydrogène sulfuré* transforme la céruse en sulfure de plomb, qui est noir.

On prépare la céruse par l'action du gaz carbonique soit sur le plomb en présence de l'air et de l'acide acétique (procédé hollandais), soit sur l'acétate tribasique de plomb (procédé de Clichy).

Usages. — On emploie la céruse en peinture, parce que, mélangée à l'huile, elle lui enlève sa couleur jaunâtre et forme une peinture blanche qui couvre bien; on la mélange à presque toutes les autres couleurs pour les rendre opaques.

Elle a l'inconvénient de noircir par les émanations sulfureuses, et d'être très vénéneuse et dangereuse à manier.

Cuivre, $Cu = 63,5$.

64. Propriétés. — Le cuivre est un métal rouge, susceptible d'un beau poli, qui répand, quand on le frotte, une odeur désagréable. Sa densité est 8,9 et peut s'élever à 8,95 par le martelage. Il fond vers 1100°, et, au rouge blanc, il émet des vapeurs qui brûlent à l'air avec une flamme verte.

C'est, après l'or et l'argent, le métal le plus malléable et le plus ductile, après le fer le plus tenace ; il est très bon conducteur de la chaleur et de l'électricité.

Dans l'*air sec*, le cuivre ne s'oxyde qu'au rouge; il se recouvre d'abord d'oxyde cuivreux Cu^2O, rouge, puis d'oxyde cuivrique CuO, noir.

A l'*air humide*, il se recouvre d'une couche verdâtre d'hydrocarbonate de cuivre, ou *vert-de-gris*, qui empêche l'oxydation de se propager dans la masse.

Les acides faibles, les corps gras, même le chlorure de sodium, en présence de l'air, favorisent l'oxydation du cuivre et la formation de sels de cuivre, qui sont vénéneux.

Tous les *métalloïdes*, sauf l'azote et le carbone, se combinent directement au cuivre.

L'acide chlorhydrique bouillant le dissout lentement, en donnant du chlorure cuivreux Cu^2Cl^2.

L'acide sulfhydrique le noircit en formant du sulfure CuS.

Avec l'*acide sulfurique* concentré et bouillant, il donne du sulfate SO^4Cu et du gaz sulfureux.

L'acide azotique l'attaque à la température ordinaire ; il se fait de l'azotate $(AzO^3)^2Cu$ et du bioxyde d'azote AzO, qui produit à l'air des vapeurs rutilantes (gravure à l'eau-forte).

L'ammoniaque, en présence de l'air, dissout le cuivre, en formant de l'hydrate de cuivre, soluble dans l'excès d'ammoniaque ; il se fait un liquide bleu (liqueur de Schweitzer) qui a la propriété de dissoudre la cellulose.

65. Métallurgie. — Le cuivre se trouve dans la nature à l'état natif, aussi a-t-il été employé dès la plus haute antiquité, surtout à l'état d'alliage avec l'étain ; mais ses principaux minerais sont le sous-oxyde (*cuprite*), le carbonate (*malachite* et *azurite*) et surtout les sulfures : la *chalkosine* Cu^2S, et la pyrite cuivreuse ou *chalkopyrite* CuS,FeS.

L'oxyde et le carbonate, fondus avec du charbon donnent du cuivre presque pur ; mais ces minerais deviennent de plus en plus rares, et le traitement des minerais sulfurés est beaucoup plus long et plus compliqué.

En voici le principe : le minerai est grillé à l'air, avec du sulfure de fer qu'on y ajoute s'il n'en contient pas assez ; une partie des corps étrangers (antimoine, arsenic, etc.) et du soufre passent à l'état d'oxydes volatils ; les autres métaux s'oxydent partiellement, tandis que le cuivre ayant plus d'affinité pour le soufre reste à l'état de sulfure.

Le résidu est alors fondu avec des matières siliceuses ; le fer et tous les métaux oxydés passent à l'état de silicates fusibles, se séparant facilement du sulfure de cuivre qui constitue une *matte bronze*, sorte de minerai plus riche que le premier.

Cette matte est soumise à une série de grillages et de fusions avec des matières siliceuses, jusqu'à ce qu'elle contienne environ 75 % de cuivre. On ajoute alors au fondant siliceux un peu de charbon, pour éviter que le cuivre, s'oxydant à son tour, ne passe dans la scorie, à l'état de silicate ; et dans un dernier grillage le sulfure et l'oxyde réagissent l'un sur l'autre en formant du gaz sulfureux et du *cuivre noir* encore impur :

$$CuS + 2CuO = SO^2 + 3Cu.$$

Le cuivre noir est raffiné, c'est-à-dire qu'on le fond, en présence d'un peu de silice et de charbon, dans un courant d'air ; le reste du soufre est enlevé à l'état de gaz sulfureux et le fer à l'état de silicate de fer ; et comme le cuivre obtenu (*cuivre rosette*) contient encore un peu de sous-oxyde de cuivre qui le rend moins malléable, on le fond sous du charbon, en l'agitant avec du bois vert, ce qui réduit l'oxyde.

66. Usages. — Le cuivre sert à faire des chaudières, des alambics, des feuilles pour doubler les navires, des tuyaux, des fils télégraphiques et téléphoniques, des toiles métalliques ; on en fait des ustensiles de cuisine, que l'on étame généralement à l'intérieur, parce que les aliments contenant des acides ou des corps gras attaquent le cuivre en présence de l'air, et forment des sels vénéneux. Il entre dans la composition d'un grand nombre d'alliages.

67. Bronze. — Le cuivre, seul, se moule difficilement ; mais allié avec l'étain, il donne le bronze, plus fusible et plus tenace, et devenant malléable et flexible par la trempe.

Les bronzes ont des compositions variables suivant les usages auxquels on les destine ; ils renferment souvent un peu de zinc ou de plomb ; en y introduisant un peu de phosphore (1 à 7 millièmes), on obtient un bronze très dur, tenace et sonore.

Les bronzes servent à faire des cloches, des tam-tams, des timbres, des cymbales, des miroirs de télescope, des robinets, des pièces de machines, des statues, des monnaies, des médailles, etc.

Avec 5 à 10 °/₀ d'aluminium, le cuivre forme le *bronze d'aluminium*, jaune d'or, aussi tenace et aussi facile à travailler que le fer, et qu'on emploie en orfèvrerie.

68. Laiton. — Le laiton est formé de cuivre et de zinc, auxquels on ajoute un peu de plomb ou d'étain pour empêcher l'alliage de graisser la lime et permettre de le travailler au tour et de le scier. Le laiton est d'un jaune plus ou moins pâle suivant la proportion du zinc qu'il contient ; il est malléable et ductile à froid, facilement fusible, et se prête bien au moulage. Il est employé dans la fabrication des instruments de musique, des appareils de physique, des robinets, d'ustensiles de ménage, des faux-bijoux, des fils de laiton, des boutons, et surtout des épingles qui sont ensuite étamées pour empêcher la formation de vert-de-gris à leur surface et pour éviter l'odeur désagréable que le laiton communique aux mains.

69. Maillechort. — Le maillechort est un alliage de cuivre, de zinc et de nickel, très dur et peu altérable à l'air, dont on fait des couverts qui sont ensuite argentés par voie galvanique, des gobelets, des théières, des garnitures de sellerie, des éperons, des mouvements d'horlogerie, etc.

70. Sulfate de cuivre. — Le sulfate de cuivre, $SO^4Cu + 5H^2O$, appelé aussi *vitriol bleu* ou *couperose bleue*, s'obtient en chauffant des rognures de cuivre avec de l'acide sulfurique concentré, ou, plutôt, en grillant à l'air des sulfures de cuivre naturels ou artificiels. C'est le plus important des sels de cuivre.

Il forme de gros cristaux bleus, transparents, assez solubles dans l'eau, légèrement efflorescents. A 100°, ces cristaux perdent $4H^2O$ et vers 200° ils deviennent anhydres; ils forment alors une poudre blanche, qui redevient bleue au contact de l'eau. Au rouge le sel se décompose en oxyde de cuivre, oxygène, gaz sulfureux et anhydride sulfurique.

Le sulfate de cuivre est employé en galvanoplastie, dans les piles de Daniell comme dépolarisant; en teinture, pour teindre la laine et la soie en noir et en violet; en médecine, comme caustique; c'est un très bon antiseptique, qui tue les microbes des fermentations et des maladies contagieuses; on l'emploie aussi en agriculture, contre la maladie de la vigne appelée *mildew*, pour la conservation des bois, et pour *chauler* les blés, c'est-à-dire pour détruire un petit champignon qui se développe sur les grains dans les greniers.

RÉSUMÉ DU CHAPITRE VI

Le *plomb* Pb est gris bleuâtre, très dense, mou, malléable et peu tenace. A l'air, il s'oxyde superficiellement; au-dessus de son point de fusion, il forme du protoxyde PbO. L'eau pure, contenant de l'acide carbonique, le recouvre d'hydrocarbonate de plomb. L'acide azotique attaque le plomb à la température ordinaire; l'acide sulfurique seulement quand il est concentré et bouillant.

Le plomb s'extrait du carbonate de plomb (cérusite) et surtout du sulfure ou galène; la galène grillée à l'air forme de l'oxyde et du sulfate de plomb qui, à plus haute température, réagissent sur le sulfure et donnent du plomb libre. Le minerai peut aussi être réduit par le fer.

Le plomb est employé en feuilles (toitures, chambres de plomb), en tuyaux, en fils, et dans la préparation de plusieurs alliages. Les sels de plomb sont vénéneux.

Le *cuivre* Cu est rouge, très malléable, très ductile, très tenace, très bon conducteur. Dans l'air humide, il se recouvre superficiellement de vert-de-gris (hydrocarbone de cuivre); il s'oxyde de même en présence des acides et des corps gras.

L'acide azotique l'attaque à la température ordinaire, et l'acide sulfurique à chaud; l'ammoniaque, en présence de l'air, le dissout.

Le cuivre existe à l'état natif; on le retire surtout du sulfure de cuivre et des pyrites cuivreuses, par une série de grillages à l'air qui oxydent les autres métaux; les mattes de plus en plus riches en cuivre donnent enfin du cuivre par réaction du sulfure sur l'oxyde de cuivre.

Le cuivre sert à faire des chaudières, des fils, des ustensiles de cuisine (bien que ses sels soient vénéneux), à doubler les navires.

Allié à l'étain, il forme les bronzes; au zinc, le laiton; ces alliages sont très employés pour les statues, les cloches, les monnaies, les instruments de musique, les épingles.

CHAPITRE VII

ALUMINIUM. POTERIES. VERRES

Aluminium, $Al = 27$.

71. Propriétés. — L'aluminium est un métal d'un blanc bleuâtre; sa densité est 2,56, c'est le plus léger des métaux usuels; il est très ductile, très malléable, et peut être réduit en feuilles minces ou étiré en fils fins, comme l'or et l'argent. Il est bon conducteur de la chaleur et de l'électricité; il fond à 650° et se solidifie lentement, aussi peut-il bien se mouler; il n'est pas volatil. Il est sonore comme le cristal.

Au point de vue chimique, il se place entre les métaux communs et les métaux précieux.

Il ne s'oxyde à aucune température, sauf dans la flamme du chalumeau oxhydrique, où il brûle avec éclat en donnant de l'alumine Al^2O^3.

Il ne décompose pas l'eau, ni l'acide sulfhydrique; l'acide sulfurique et l'acide azotique n'ont pas d'action sur lui à froid, mais l'attaquent lentement à chaud; son dissolvant est l'*acide chlorhydrique*, qui, gazeux ou dissous, l'attaque même à la température ordinaire en formant du chlorure d'aluminium et dégageant de l'hydrogène.

Les *solutions alcalines* le dissolvent aussi à froid, en formant des aluminates alcalins et dégageant de l'hydrogène.

72. État naturel. — L'aluminium est un des corps les plus répandus dans la nature; mais on ne le trouve pas à l'état libre, il existe à l'état d'oxyde (alumine) ou de silicate (argile); et comme ces corps sont difficiles à décomposer, ce métal n'a été isolé qu'en 1827 par Wöhler, et ses propriétés ne sont bien connues que depuis les recherches de Sainte-Claire Deville en 1854.

73. Métallurgie. — On emploie actuellement pour la fabrication industrielle de l'aluminium deux sortes de procédés : 1° les procédés chimiques ; 2° les procédés électriques.

I. Méthode chimique. — Cette méthode est celle de Sainte-Claire Deville qui a subi des modifications pratiques. L'alumine, étant irréductible par le charbon ou par l'hydrogène, est transformée en chlorure double d'aluminium et de sodium.

Pour cela, *on fait passer un courant de chlore sur un mélange d'alumine, de charbon et de sel marin* chauffé dans une cornue de grès :

$$Al^2O^3 + 3C + 6Cl + 2NaCl = Al^2Cl^6,2NaCl + 3CO.$$

Ce chlorure double est ensuite chauffé au rouge vif dans un fourneau à réverbère, *avec du sodium* qui déplace l'aluminium; le métal fondu est protégé contre l'oxydation par le chlorure de sodium, et on le coule en lingots :

$$Al^2Cl^6,2NaCl + 6Na = 8NaCl + 2Al.$$

II. Méthode électrique. — L'énergie électrique étant devenue d'un prix bien moins élevé depuis ces dernières années, est employée aujourd'hui dans l'industrie de l'aluminium.

Le chlorure double d'aluminium et de sodium peut être décomposé par le courant, et donne le métal pur; mais on peut même électrolyser l'alumine directement.

On la place dans des creusets de fer (*fig.* 18) garnis intérieurement de charbon, et servant d'électrode négative; l'électrode positive est formée par un gros cylindre de charbon aggloméré; l'alumine est fondue par la chaleur développée par le courant très intense que l'on fait passer dans l'appareil, puis elle est décomposée, l'oxygène se combine au carbone de l'électrode positive et l'aluminium se rassemble au fond du creuset, d'où on l'extrait par un trou de coulée.

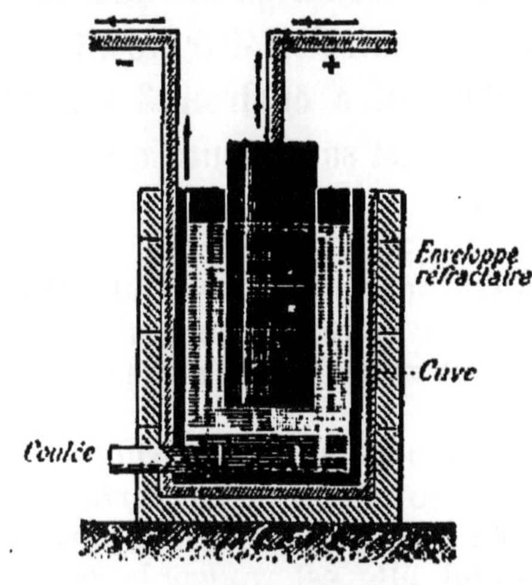

Fig. 18. — Four Minet pour produire l'aluminium pur.

74. Usages. — L'aluminium commence à recevoir de nombreuses applications, grâce à son inaltérabilité, à sa ténacité et à sa légèreté.

On l'emploie pour la fabrication des montures de lunettes, des télescopes, des fléaux de balances; en bijouterie, il peut remplacer l'argent dans un grand nombre d'objets d'ornement, mais son éclat se ternit assez vite.

Uni à 90 p. 100 de cuivre, il forme le *bronze d'aluminium* (67); l'alliage de 100 parties d'aluminium et de 10 d'étain garde la couleur de l'aluminium, mais se soude et se travaille plus facilement.

L'aluminium donne aux alliages dans lesquels il entre une grande dureté et une grande ténacité; ainsi 0,20 p. 100 d'aluminium ajoutés au fer augmentent la résistance de ce métal de 25 p. 100, le rendent plus fusible et lui permettent de se mouler.

Aussi la fabrication de l'aluminium prend-elle une grande importance; son prix, qui était de 140 fr. le kilogr. en 1863, est descendu actuellement à environ 3 fr.; et comme il est répandu partout, il est sans doute appelé à devenir un métal des plus usuels.

75. Oxyde d'aluminium, Al^2O^3, ou *alumine*. — L'alumine est un corps solide, insoluble dans l'eau, ne fondant qu'au chalumeau oxyhydrique ; elle peut se présenter à l'état cristallisé ou à l'état amorphe.

Dans la nature, on la trouve surtout en cristaux rhomboédriques; quand elle est pure et incolore, on l'appelle *corindon*; le plus souvent elle est colorée par des traces d'oxydes, et constitue le *rubis oriental* quand elle est rouge ; la *topaze orientale*, jaune; le *saphir oriental*, bleu ; l'*améthyste orientale*, violette. L'*émeri* est du corindon coloré en noir par de l'oxyde de fer.

L'*alumine amorphe* est une poudre blanche, légère, insoluble dans l'eau, mais happant à la langue, à cause de sa porosité ; elle est attaquée difficilement par les acides et se dissout dans les alcalis fondus.

L'alumine peut encore exister à l'état d'*hydrate d'aluminium* $Al^2(OH)^6$, matière gélatineuse, soluble dans les acides avec lesquels elle forme des sels d'aluminium, et dans les alcalis avec lesquels elle donne des aluminates; elle peut donc jouer tantôt le rôle de base, tantôt celui d'acide, c'est un *oxyde indifférent*.

L'alumine gélatineuse se combine aux matières colorantes en donnant des produits insolubles, les *laques* ; si dans une décoction de cochenille on délaye de l'alumine en gelée, et qu'on filtre, la liqueur passe incolore, et il reste sur le filtre une laque rose.

Usages. — L'alumine cristallisée est employée comme pierre précieuse, à cause de son éclat et de sa dureté qui n'est surpassée que par celle du diamant.

L'émeri sert à user le verre, à polir les métaux.

L'alumine hydratée est employée en teinture pour fixer les matières colorantes sur les étoffes.

76. Alun de potassium, $(SO^4)^3Al^2, SO^4K^2 + 24H^2O$, ou *alun ordinaire.*

Quand on mélange des solutions chaudes de sulfate d'aluminium et de sulfate de potassium, en proportions convenables, on obtient par refroidissement des cristaux d'un sulfate double connu sous le nom d'alun. L'alun est incolore, il a une saveur astringente; il cristallise en octaèdres dans une solution acide, et en cubes dans une solution alcaline; et il s'effleurit superficiellement à l'air. 100^{gr} d'eau en dissolvent $3^{gr},3$ à 0°, et 357^{gr} à 100°.

L'alun fond à 92° dans son eau de cristallisation ; si on le laisse refroidir ensuite, il forme une masse vitreuse, l'*alun de roche*. Au rouge sombre, il perd ses 24 molécules d'eau, et se boursoufle, il devient spongieux, très fragile ; c'est l'*alun calciné*, qui peut s'hydrater ensuite en se dissolvant lentement dans l'eau. Au rouge blanc, il dégage du gaz sulfureux et de l'oxygène, et il reste dans le creuset un mélange d'alumine et de sulfate de potassium.

Usages. — L'alun sert surtout en teinture, comme *mordant*, pour fixer les couleurs, à cause de l'alumine qu'il contient; on l'emploie encore pour conserver les cuirs, pour coller la pâte à papier, clarifier les suifs ; en médecine il est utilisé comme astringent et comme caustique dans les angines, pour ronger les chairs, et nettoyer les plaies.

77. Aluns. — L'alun de potasse est le type de toute une série de corps ayant une composition analogue, isomorphes, cristallisant tous en octaèdres ou en cubes, avec 24 molécules d'eau. Ils diffèrent de l'alun ordinaire en ce que le potassium peut y être remplacé par le sodium, l'ammonium, etc. et l'aluminium, par le fer, le chrome, ou le manganèse. Les principaux sont : l'*alun ammoniacal*, qui a les mêmes usages que l'alun de potassium et coûte moins cher ; l'*alun de sodium*, très soluble dans l'eau ; ces deux aluns sont incolores; celui *de fer* est rose clair ; l'*alun de chrome* est violet foncé.

Silicates d'aluminium. — Argiles.

78. État naturel. — Les silicates d'aluminium, anhydres ou hydratés, sont très répandus dans la nature ; purs, ils constituent le *kaolin*; mélangés à de l'oxyde de fer, de l'alumine, du carbonate de calcium, etc., ce sont les *argiles*. En combinaison avec des silicates alcalins, ils forment les *feldspaths*, qui entrent, avec le quartz et le mica, dans la constitution du granit.

79. Propriétés. — *L'argile pure*, kaolin ou terre à porcelaine, $2Al^2O^3, 3SiO^2 + 4H^2O$, est une substance blanche, compacte, douce au toucher, difficilement fusible.

Elle est insoluble dans l'eau, mais forme avec elle une pâte liante, facile à pétrir et à façonner. En se desséchant, cette pâte éprouve un retrait considérable et se fendille; elle se comporte de même quand on la chauffe, mais devient alors très dure et perd ses propriétés plastiques.

L'argile calcinée est poreuse et absorbe rapidement l'eau, elle happe à la langue.

Le kaolin se trouve à Saint-Yrieix près de Limoges, en Saxe, en Chine; il provient de la décomposition du feldspath, qui, sous l'action prolongée de l'eau, se dédouble en silicate alcalin, soluble, entraîné par l'eau, et silicate d'aluminium.

Les argiles ordinaires ont des propriétés variables suivant la nature et les proportions des matières étrangères qu'elles contiennent; ces matières diminuent la plasticité et le retrait et augmentent la fusibilité de l'argile.

Les plus pures forment avec l'eau une pâte liante, qui ne fond pas aux températures les plus élevées de nos fourneaux, et acquiert une grande dureté; ce sont les *argiles plastiques* ou *réfractaires*, qu'on emploie dans la fabrication des poteries fines, des creusets, des briques réfractaires, etc.

Celles qui contiennent de la chaux et de l'oxyde de fer, ou *argiles figulines*, sont plus fusibles et forment une pâte peu liante; on s'en sert pour les poteries grossières et les terres cuites; sous le nom de *terre glaise*, les sculpteurs l'emploient pour le modelage.

La *terre à foulon*, ou *argile smectique* est une argile impure, qu'on emploie pour dégraisser les draps, parce qu'elle absorbe les matières grasses qui imprégnaient l'étoffe.

Les *marnes* sont des mélanges d'argile et de calcaire qui servent à l'amendement des terres, et dans la préparation de la chaux hydraulique.

Poteries.

80. L'argile, à cause de sa plasticité et de la dureté qu'elle acquiert par la cuisson, est la base de toutes les poteries ; mais on est obligé d'y mélanger des matières étrangères, ou substances *dégraissantes*, pour diminuer le retrait qu'elle éprouve en se desséchant, et qui déformerait les objets ou en amènerait la rupture.

On divise les poteries en deux groupes :

1° Les poteries dont la pâte, ayant subi un commencement de fusion pendant la cuisson, est devenue compacte, dure et imperméable ; ce sont la porcelaine et les grès cérames ;

2° Les poteries dont la pâte reste poreuse, comme la faïence, les terres cuites, les briques, etc.

81. Porcelaine. — La porcelaine est fabriquée avec du kaolin auquel on ajoute du sable pour diminuer le retrait, et du feldspath qui sert de *fondant*, c'est-à-dire qui fait éprouver à la masse un commencement de fusion et la rend translucide.

Ces matières, réduites en poudre très fine, sont délayées dans l'eau, de façon à former une pâte qui est longuement travaillée, pétrie, ou *marchée*, pour rendre le mélange bien homogène.

Pour donner à la pâte la forme des objets que l'on veut obtenir, on la travaille au tour : on met la pâte sur un disque de bois, relié par une traverse verticale à un second disque plus grand, auquel l'ouvrier imprime, avec le pied, un mouvement de rotation (*fig.* 19). L'ouvrier donne à la pâte, en la comprimant avec les mains pendant que le disque tourne, la forme approchée de l'objet ; c'est l'*ébauchage*.

Fig. 19. — Ébauchage et tournassage de la pâte.

Puis quand la pâte est un peu séchée, on lui donne, par le *tournassage*, en la travaillant comme on le fait pour le bois, sa forme définitive.

Pour certains objets, comme les assiettes, on procède par *moulage*, c'est-à-dire qu'on applique sur un moule en plâtre

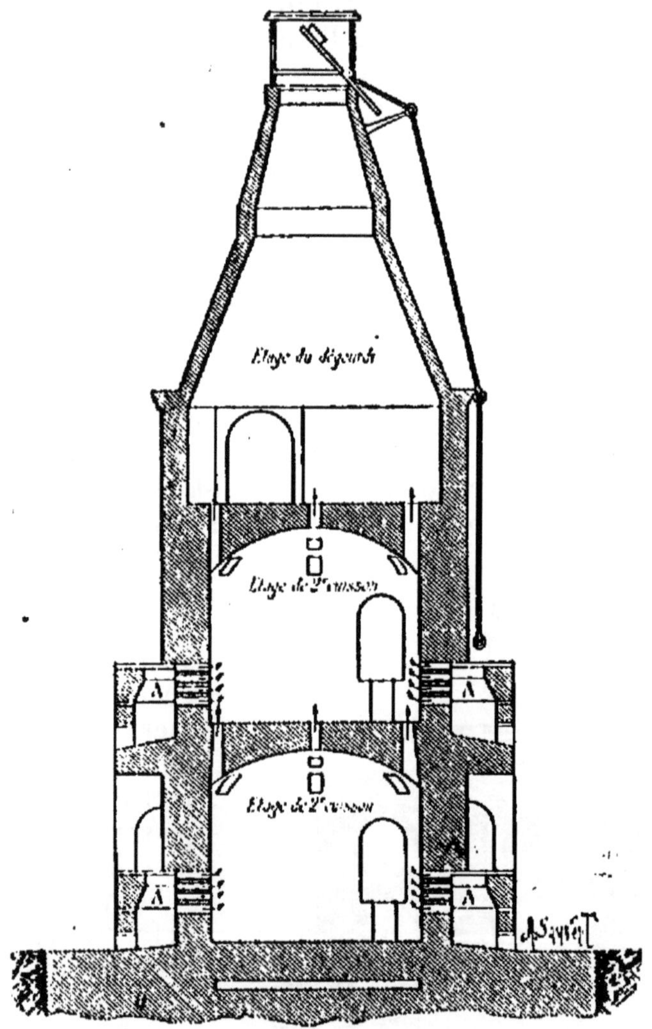

Fig. 20. — Coupe d'un four à porcelaine.

une feuille de pâte, à laquelle on donne le contour extérieur à l'aide d'un calibre, comme dans le tournassage.

Le *coulage* s'emploie pour les objets en porcelaine mince, comme des tasses, des tubes ; on verse dans un moule en plâtre une pâte de porcelaine très fluide, ou *barbotine* ; le plâtre, très poreux, absorbe l'eau, et quand une couche suffisante de barbotine s'est solidifiée sur les parois, on rejette l'excès de pâte, et on démoule l'objet.

Les pièces ainsi obtenues sont séchées lentement à l'air, puis subissent une première cuisson ou *dégourdi*, à basse température ; elles ont alors une certaine consistance, mais sont poreuses ; on les enduit d'une *couverte* ou glaçure, en les plongeant dans une bouillie claire de quartz et de feldspath très divisés ; la pièce absorbe de l'eau et se recouvre d'une couche de ce mélange, plus fusible que la pâte, et qui formera à sa surface un enduit vitrifié, pendant que la pâte même, portée à une température élevée, perdra sa porosité et deviendra translucide. La seconde cuisson s'effectue dans des fours en briques réfractaires (*fig.* 20), chauffés par des foyers latéraux ou *alandiers* A, et divisés en trois étages, dont le supérieur, qui n'est pas chauffé directement, sert à cuire en dégourdi.

Les pièces sont enfermées dans des cylindres en terre réfractaire, ou *cazettes*, qui les protègent contre l'action des cendres et de la fumée entraînées par les gaz du foyer ; et les cazettes sont disposées en piles dans les fours, dont les portes sont ensuite murées. La cuisson dure environ 50 heures ; on laisse le four se refroidir lentement avant de procéder au défournement.

52. Décoration de la porcelaine. — La porcelaine peut être décorée au moyen de couleurs inaltérables par la chaleur, qui sont généralement des oxydes métalliques broyés et mêlés à des matières vitrifiables assez fusibles, de façon à former un verre coloré, adhérent à la porcelaine. Ces couleurs, délayées dans l'essence de térébenthine, sont appliquées au pinceau soit sur la porcelaine dégourdie, soit sur la porcelaine cuite. Dans le premier cas, elles pénètrent dans la pâte même et sont couvertes par la glaçure ; elles ont une grande solidité et un éclat très vif ; mais on ne peut employer ainsi que les couleurs dites de *grand feu*, ne s'altérant pas à la température du four, et qui sont peu nombreuses.

Dans le second cas, on emploie les couleurs de *moufle*, et après les avoir appliquées, on recuit les pièces dans un moufle, sorte de caisse en briques réfractaires ou en fonte que l'on chauffe plus ou moins suivant la résistance des couleurs.

83. Grès cérames. — Les grès sont durs et imperméables comme la porcelaine ; mais ils ne sont pas translucides, et sont généralement colorés par l'oxyde de fer renfermé dans l'argile moins pure qui sert à les préparer.

Les objets, façonnés comme la porcelaine, sont cuits à très haute température ; pendant la cuisson, on projette dans le four du sel marin humide, qui se vaporise ; il se fait de l'acide chlorhydrique, et de la soude qui au contact des parois argileuses donne un silicate double d'aluminium et de sodium fusible formant vernis à la surface des grès.

84. Faïences. — Les faïences sont faites avec des argiles plastiques et du quartz ; les pièces, façonnées comme la porcelaine, subissent une première cuisson, après laquelle on les recouvre d'une glaçure formant vernis pendant la seconde cuisson.

Si la pâte est blanche, la glaçure est un mélange de quartz, de carbonate de potassium et d'oxyde de plomb, qui forme à sa surface un verre transparent et imperméable.

Si la pâte est colorée, on ajoute au mélange précédent de l'oxyde d'étain qui rend le vernis opaque et en fait une sorte d'émail que l'on peut colorer par des oxydes métalliques.

Si la couverte ne suit pas exactement les dilatations de la faïence, il s'y produit des fentes, des tressaillures, par lesquelles les liquides pénètrent jusqu'à la pâte restée poreuse et lui donnent une couleur désagréable.

85. Poteries communes. Briques. Tuiles. — Les poteries communes, marmites en terre, etc. sont faites avec des argiles ferrugineuses auxquelles on ajoute du sable et de la marne, et leur couverte est un silicate double d'aluminium et de plomb. Ce vernis est attaqué assez facilement ; aussi faut-il éviter de laisser séjourner dans ces poteries des aliments renfermant des corps gras ou du vinaigre, qui dissolvent peu à peu l'émail, en donnant des sels de plomb très vénéneux. Les briques, les tuiles, les pots à fleurs, les carreaux en terre, les tuyaux, etc. sont faits avec des argiles marneuses mélangées de sable ; la pâte est façonnée à la main ou moulée, et cuite à une température peu élevée ; elle est généralement colorée en rouge par du fer.

Pour les briques réfractaires et les creusets, on emploie des argiles contenant peu d'oxyde de fer.

Verres.

86. On appelle verres des substances transparentes, dures, présentant une cassure spéciale dite cassure vitreuse. Dans l'industrie, ce nom s'applique à des silicates doubles qui, chauffés, prennent un état pâteux permettant de les travailler comme de la cire, et qui sont inattaquables par l'eau et les acides.

87. Composition. — La composition des verres varie avec les propriétés qu'ils doivent avoir ; elle a été déterminée par l'expérience, car le verre est connu depuis les temps les plus reculés, et les Égyptiens en avaient porté l'industrie à un degré remarquable de perfection.

Les silicates alcalins sont très fusibles et ne cristallisent pas par refroidissement, mais ils sont solubles dans l'eau. Les silicates de calcium sont moins fusibles, mais cristallisent facilement ; ceux de plomb cristallisent difficilement, mais fondent d'autant plus vite qu'ils renferment plus de plomb.

En mélangeant ces silicates, on peut obtenir un verre assez fusible pour être étiré en fils ou en tubes, incristallisable et insoluble.

D'après la composition et les propriétés particulières des verres, on peut en distinguer plusieurs variétés, formant deux groupes : les *verres ordinaires*, à base de calcium, et le *cristal*, à base de plomb.

88. Verres ordinaires. — Ils comprennent :

1° Le *verre à vitres*, silicate double de sodium et de calcium, assez fusible ; il présente une teinte verte quand on le regarde par la tranche. Il sert à faire les vitres et les glaces ;

2° Le *verre de Bohême*, silicate de calcium et de potassium, incolore, transparent, léger ; il est peu fusible, peu altérable ; aussi l'emploie-t-on pour faire les verres, les carafes, les cornues, les vases de laboratoire ;

3° Le *crown-glass*, qui est un verre de Bohême plus riche en potassium et calcium, et qui sert surtout dans la fabrication des instruments d'optique, parce qu'il est plus réfringent ;

4° Le *verre à bouteilles*, fait avec des débris de verres de toute nature fondus avec de l'argile et du sable ferrugineux ; il contient donc des silicates d'aluminium et de fer qui le rendent très fusible et le colorent en vert. Il est attaqué par les acides, et même par le bitartrate de potassium contenu dans le vin.

89. Verres à base de plomb. — On y distingue :

1° Le *cristal* ordinaire, silicate de potassium et de plomb, préparé avec du sable très pur, du carbonate de potassium raffiné et du minium ; il est tout à fait incolore, il a beaucoup d'éclat et de transparence ; on l'emploie pour la verrerie de luxe ;

2° Le *flint-glass*, plus riche en plomb que le cristal ordinaire, et très réfringent ; on en fait des instruments d'optique, lentilles, prismes, etc. ;

3° Le *strass*, encore plus riche en plomb que le précédent, très dense et très réfringent ; on le taille, pour imiter le diamant ; et on le colore par des oxydes métalliques mêlés à la masse fondue, pour imiter les pierres précieuses ;

4° L'*émail*, qui est un cristal à base de plomb, rendu opaque par de l'oxyde d'étain ou d'antimoine ou par du phosphate de calcium, et souvent coloré par des oxydes métalliques. Les émaux servent à la fabrication de la mosaïque, des cloisonnés, des perles fausses, et à la décoration de la porcelaine.

90. Fabrication du verre. — Pour obtenir le verre, on fond ensemble du sable ou du quartz pulvérisé, du carbonate de sodium ou de potassium, et de la craie ou du minium.

Ces matières, après avoir subi une première calcination, ou *fritte*, sous les arches d'un fourneau circulaire, sont introduites dans des creusets en terre réfractaire chauffés au rouge vif dans la partie centrale du fourneau (*fig.* 21). La masse fond peu à peu, et les matières étrangères forment, à la surface des silicates, une écume (fiel du verre) qu'on enlève avec une cuiller de fer. Si le verre est coloré par un peu de silicate de fer, on y ajoute alors du bioxyde de manganèse (savon des verriers), qui en oxydant

Fig. 21. — Four ordinaire de verrerie.

le fer forme un silicate ferrique, jaune ; le silicate de manganèse étant violet, les teintes de ces deux sels sont complémentaires, et la masse paraît incolore.

Au bout de 5 à 6 heures, le mélange est devenu bien limpide; on diminue le feu pour amener le verre à l'état pâteux. L'ouvrier verrier cueille alors une masse de verre, au moyen d'une *canne*, tube de fer d'environ 1ᵐ,50 ; en soufflant dans cette canne, il donne à la masse une forme voisine de celle qu'il veut obtenir, puis il l'introduit dans un moule en bois, dont il lui fait prendre la forme exacte, en continuant à souffler dans la canne. Il détache ensuite l'objet, en mettant une goutte d'eau à l'endroit où doit se faire la séparation et donnant une secousse à la canne.

Pour fabriquer les vitres, on souffle de longs cylindres de verre, qui sont coupés à leurs extrémités, fendus dans leur longueur, puis étendus sur une plaque de fer chauffée. Les grandes glaces sont obtenues en coulant le verre du creuset sur une table de bronze chauffée, et en passant sur le verre rouge un rouleau de fonte, pour l'étendre.

Quel que soit le procédé employé pour façonner les objets, ils doivent être *recuits*, c'est-à-dire portés à une température voisine de celle à laquelle ils se ramolliraient, puis refroidis très lentement. Sans cette précaution, le verre, travaillé en plusieurs fois, refroidi inégalement, présente des dilatations inégales dans sa masse, et se brise spontanément.

91. Trempe du verre. — Le verre brusquement refroidi, se trempe : il devient dur, élastique, mais très fragile, et toute la masse se réduit en très petits fragments dès qu'un éclat est détaché de la surface. On peut le montrer à l'aide des *larmes bataviques* (*fig.* 22), obtenues en faisant tomber dans l'eau froide des gouttes de verre fondu ; elles se brisent en poussière dès qu'on casse la pointe effilée qui les termine. Cet effet provient de ce que la surface, brusquement refroidie, n'a pu permettre à la masse de subir le retrait qui accompagne un refroidissement lent ; et les molécules du verre sont dans une sorte d'équilibre instable qui cesse dès que la résistance de la couche superficielle est détruite en un point.

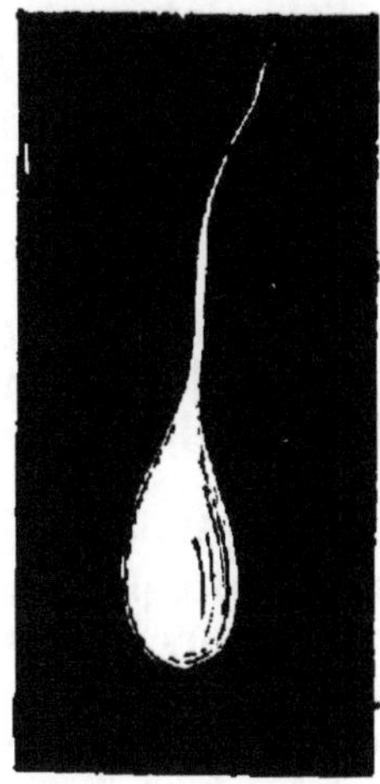

Fig. 22. — Larme batavique.

C'est pour éviter une trempe inégale des diverses parties d'un objet qu'on le soumet au recuit.

92. Propriétés du verre. — Le verre est mauvais conducteur de la chaleur et de l'électricité ; chauffé en un seul point, ou refroidi rapidement, il se fend. Quand on le maintient longtemps à une température voisine de son point de fusion, il se dévitrifie et devient opaque, blanc, très dur ; il constitue alors la *porcelaine de Réaumur*.

L'oxygène et l'air sec n'agissent pas sur le verre ; à l'*air humide*, la couche superficielle se dévitrifie à la longue en produisant des reflets irisés, parce que l'eau enlève au verre de l'alcali ; l'eau bouillante agit de même, plus rapidement.

Les corps réducteurs, comme le *charbon*, attaquent les verres à base de plomb. Les acides n'agissent que très lentement sur le verre, sauf l'*acide fluorhydrique* qui forme des fluorures avec le silicium et les alcalis, et qu'on emploie dans la gravure sur verre. Les *alcalis* attaquent peu à peu le verre, en dissolvant la silice.

RÉSUMÉ DU CHAPITRE VII

L'*aluminium* Al est blanc bleuâtre, très léger, très ductile, très malléable, bon conducteur et sonore. Il est inaltérable à l'air. L'acide chlorhydrique et les solutions alcalines le dissolvent à la température ordinaire.

L'aluminium est très répandu dans la nature, surtout à l'état d'oxyde (alumine) et de silicate (argile). On le prépare en décomposant au rouge par le sodium le chlorure double d'aluminium et de sodium; ou en décomposant ce chlorure ou l'alumine par l'électricité. L'aluminium est très employé dans la fabrication des instruments d'optique, des balances, et en bijouterie, à cause de son inaltérabilité et de sa légèreté.

Avec le cuivre, il forme le bronze d'aluminium.

Les *silicates d'aluminium* plus ou moins purs constituent le kaolin et les argiles. Les argiles sont la base des *poteries*; on leur ajoute une substance dégraissante pour diminuer le retrait qu'elles subissent par la cuisson.

La porcelaine et les grès cérames sont des poteries à pâte dure et imperméable; les faïences, les briques, les tuiles sont à pâte poreuse.

Les verres sont des silicates doubles, transparents, durs, à cassure vitreuse, inattaquables par l'eau et les acides.

Les verres communs sont à base de soude et de chaux : les verres de Bohème à base de potasse et de chaux; le cristal, à base de potasse et de plomb.

CHAPITRE VIII

MÉTAUX PRÉCIEUX

Mercure, Hg = 200.

93. Propriétés physiques. — Le mercure est le seul métal qui soit liquide à la température ordinaire; il est opaque, d'un blanc brillant, d'où son nom vulgaire de *vif-argent*; il a un pouvoir réflecteur considérable.

Sa densité est 13,596 à 0°.

Il se solidifie et cristallise à — 40°; à l'état solide, il est blanc et malléable comme l'argent. Il bout à 360°; mais il émet des vapeurs dès la température ordinaire, et bien que ces vapeurs aient une tension presque nulle, leur existence est prouvée par leur action sur du papier imprégné d'azotate d'argent ammoniacal ou de chlorure d'or, qui noircit par suite de la réduction du sel d'or ou d'argent. Ces vapeurs sont vénéneuses, elles produisent une salivation abondante, puis un tremblement particulier; de là le danger de l'emploi du mercure dans l'industrie. Pris à forte dose, le mercure amène rapidement la mort. Son contrepoison est l'iodure de potassium, à petite dose, souvent répétée dans le cas d'un empoisonnement chronique par les vapeurs.

94. Propriétés chimiques. — Le mercure s'oxyde lentement, à la température ordinaire, au contact de l'*air humide*; il se recouvre d'une pellicule grise de sous-oxyde Hg^2O, qui peut se dissoudre en partie dans le métal, et le mercure s'attache alors aux parois du verre, il *fait la queue*.

A la température d'ébullition, l'oxydation du mercure est rapide, et il se fait de l'oxyde rouge HgO.

Le *soufre* attaque le mercure à une température peu élevée, en donnant un sulfure noir HgS; le *chlore* l'attaque à froid, en formant $HgCl$ ou $HgCl^2$ suivant que le métal ou le chlore sont en excès.

L'acide chlorhydrique n'agit pas sur le mercure; l'*acide sulfurique* n'agit que s'il est concentré et chaud, et donne du sulfate de mercure et du gaz sulfureux.

L'*acide azotique*, même étendu, attaque le mercure, en donnant du bioxyde d'azote et de l'azotate mercureux $(AzO^3)^2Hg^2$, à froid, et de l'azotate mercurique $(AzO^3)^2Hg$ à chaud. Le mercure dissout la plupart des métaux en formant avec eux des alliages appelés *amalgames*; avec le potassium et le sodium la combinaison se fait avec dégagement de chaleur et de lumière; il n'a pas d'action sur le fer, le nickel, l'aluminium et le platine.

95. Métallurgie. — Le mercure existe dans la nature à l'état natif, aussi est-il connu depuis très longtemps; mais son minerai est le *cinabre* ou sulfure HgS, que l'on trouve surtout à Almaden (Espagne), à Idria (Illyrie) et à San-José (Californie). *Le cinabre pulvérisé est grillé à l'air* sur la sole d'un four à réverbère; il se fait du gaz sulfureux et du mercure :

$$HgS + 2O = SO^2 + Hg,$$

et les produits de la calcination passent dans une série d'appareils réfrigérants, dont les formes varient suivant les localités, où le mercure se condense, tandis que le gaz sulfureux s'échappe par une cheminée d'appel. Le mercure est conservé et transporté dans des bouteilles en fer forgé.

96. Usages. — Le mercure est employé dans la construction d'un grand nombre d'appareils de physique : baromètres, manomètres, thermomètres, etc.; en chimie on s'en sert pour recueillir les gaz solubles dans l'eau ; il est utilisé en médecine. Il sert à l'étamage des glaces, à l'état d'amalgame d'étain, ou *tain* : sur une surface bien plane et horizontale, on étend une feuille d'étain qu'on recouvre d'une couche de mercure de 4 à 5^{mm} d'épaisseur ; puis on fait glisser la lame de verre sur l'étain de façon à chasser l'excès de mercure, et on charge la glace de poids pour faire écouler le reste du liquide ; au bout d'une quinzaine de jours, l'amalgame formé adhère complètement au verre.

On tend à remplacer l'étamage des glaces au mercure par leur *argenture,* comme la dorure et l'argenture des métaux à l'aide des amalgames d'or et d'argent par la dorure et l'argenture galvanique, à cause des troubles organiques produits par le mercure chez les ouvriers qui le travaillent. Le principal usage du mercure est son emploi dans l'extraction de l'or et de l'argent.

97. Chlorures de mercure. — Le mercure forme deux chlorures : le chlorure mercureux ou calomel HgCl, et le chlorure mercurique ou sublimé corrosif HgCl^2.

Le *calomel* est solide, cristallisé, incolore et transparent ; il est insoluble dans l'eau, l'alcool et les acides étendus. La lumière, l'acide chlorhydrique ou les chlorures alcalins le transforment en sublimé corrosif.

On obtient le calomel en chauffant un sel mercureux avec du sel marin :

$$SO^4Hg^2 + 2NaCl = SO^4Na^2 + 2HgCl ;$$

le calomel se sublime, et on le lave soigneusement pour le débarrasser du chlorure mercurique qui aurait pu se former, et qui est très vénéneux.

Le calomel est employé en médecine comme purgatif et vermifuge ; mais il faut éviter, quand on en prend, d'absorber des aliments salés qui pourraient le transformer, dans l'estomac, en sublimé corrosif.

Le *chlorure mercurique* se prépare en chauffant un sel mercurique avec du sel marin :

$$SO^4Hg + 2NaCl = SO^4Na^2 + HgCl^2.$$

Il se sublime en petits cristaux blancs, solubles dans l'eau, l'alcool et l'éther ; c'est un poison très violent, qui corrode les tissus et détermine très rapidement la mort ; son contre-poison est l'albumine, avec laquelle il forme un composé insoluble.

On emploie le sublimé corrosif pour conserver les pièces anatomiques, les préparations d'histoire naturelle, parce qu'il forme avec la plupart des matières organiques des composés insolubles et imputrescibles ; il est utilisé en médecine ; en dissolution étendue, c'est un antiseptique énergique.

Argent, Ag = 108.

98. Propriétés. — L'argent est un métal blanc, susceptible d'un beau poli ; de tous les métaux, c'est celui dont le pouvoir réflecteur est le plus élevé. Sa densité est 10,5 ; il fond à 954°, et se volatilise entre 1500° et 2000°, en donnant des vapeurs vertes. L'argent fondu dissout 22 fois son volume d'oxygène et laisse dégager ce gaz en se refroidissant ; ce dégagement brusque produit à la surface du métal un soulèvement en forme de champignon, et détermine quelquefois la projection d'un peu de métal : c'est ce qu'on appelle le *rochage*.

Après l'or, l'argent est le plus malléable et le plus ductile des métaux ; c'est le meilleur conducteur de la chaleur et de l'électricité.

L'argent ne s'oxyde à aucune température, ni dans l'air sec, ni dans l'air humide. Il se combine directement avec tous les *métalloïdes*, sauf l'azote.

L'acide chlorhydrique ne l'attaque qu'à 550° en formant un chlorure insoluble $AgCl$ qui arrête l'action de l'acide.

L'acide sulfhydrique l'attaque à la température ordinaire surtout lorsqu'il est humide, et le recouvre d'une couche noire de sulfure d'argent Ag^2S.

L'acide sulfurique concentré et bouillant donne du sulfate SO^4Ag^2, et du gaz sulfureux.

L'acide azotique, même étendu, le dissout à froid, en formant du nitrate d'argent AzO^3Ag et du bioxyde d'azote.

L'argent n'est pas attaqué par les alcalis, même fondus ; aussi en fait-on des capsules et des creusets pour la préparation de la potasse et de la soude.

99. Remarque. — L'argent se rapproche, par la constitution de ses composés, des *métaux alcalins* : il est monovalent comme eux ; son oxyde Ag^2O, un peu soluble dans l'eau, agit comme une base forte ; et l'azotate d'argent est isomorphe de l'azotate de potassium. Au point de vue pratique, il rentre dans les métaux précieux, c'est-à-dire dans ceux qui ne s'oxydent pas directement.

100. État naturel. — L'argent est connu depuis les temps les plus reculés, car il est très répandu dans la nature et se trouve quelquefois à l'état natif ; mais ses principaux minerais sont le sulfure Ag^2S ou *argyrose*, et les sulfures doubles d'argent et d'antimoine ou d'argent et d'arsenic ; on le trouve plus rarement à l'état de chlorure, bromure et iodure mélangés. Les mines d'argent les plus riches sont celles du Mexique, du Pérou, du Chili, de Saxe et de Norwège. En France, on cite celles de Pontgibaud (Puy-de-Dôme).

101. Métallurgie. — En principe, l'extraction de l'argent est assez simple ; *les composés d'argent des minerais sont transformés par le chlorure de sodium en chlorure d'argent*, qui est dissous dans un excès de sel marin ; *le métal est ensuite précipité par un métal plus chlorurable*, fer ou mercure, et l'argent libre est dissous dans le mercure, duquel on le sépare en distillant l'amalgame.

Procédé saxon. — En Saxe où le minerai, très pauvre, contient à peine 3/1000 d'argent, on le mélange, après l'avoir bocardé, avec 1/10 de son poids de sel marin et on le grille dans un four à réverbère ; les sulfures combustibles brûlent en dégageant du gaz sulfureux, et le sulfure d'argent en présence de l'air et du chlorure de sodium forme du chlorure d'argent et du sulfate de sodium.

La masse obtenue est pulvérisée, lavée et introduite avec de l'eau et du fer dans des tonneaux que l'on fait tourner autour de leur axe horizontal ; le chlorure d'argent dissous par l'eau salée est réduit par le fer ; au bout d'un certain temps, on ajoute du mercure et on continue à faire tourner les tonneaux ; l'amalgame d'argent qui se forme est recueilli, filtré dans des sacs de toile pour en séparer l'excès de mercure, et distillé ; l'argent reste dans les appareils et le mercure qui se dégage est condensé dans l'eau.

Procédé américain. — Au Mexique, où le combustible est rare, le minerai concassé, étendu sur une aire de pierre, est mélangé avec 2/100 de sel marin, et on le fait piétiner par des mules ; après plusieurs heures, on y ajoute 1/100 de pyrites transformées en sulfate de cuivre par un grillage à l'air, et on fait piétiner de nouveau la masse. Le sulfate de cuivre en présence du chlorure de sodium forme du chlorure de cuivre $CuCl^2$ qui transforme le sulfure d'argent en chlorure $AgCl$. On ajoute alors du mercure, en continuant à faire piétiner le tout ; le mercure réduit le chlorure d'argent :

$$2AgCl + 2Hg = Hg^2Cl^2 + Ag^2,$$

et dissout l'argent mis en liberté ; l'amalgame est ensuite distillé.

L'argent obtenu par ces procédés renferme encore 25 à 30 % de métaux étrangers, surtout de cuivre ; pour le purifier on le fond avec du plomb dans un courant d'air; les métaux autres que l'argent s'oxydent et sont dissous par l'oxyde de plomb formé qui les entraine, comme dans la coupellation du plomb argentifère (60).

102. Usages. — L'argent n'est pas employé seul, parce qu'il est trop mou et s'userait ou se déformerait trop vite; on l'allie avec le cuivre, en proportions variables, pour lui donner de la dureté, et on se sert de ces alliages dans la fabrication des monnaies, des bijoux, de la vaisselle d'argent, des médailles; ils sont soumis au contrôle de l'Etat, qui en vérifie très exactement le titre.

L'argent est encore employé pour recouvrir des métaux comme le laiton, le maillechort et leur donner ainsi l'éclat et l'inaltérabilité de l'argent; autrefois, l'argenture se faisait au moyen de l'amalgame d'argent dont on recouvrait la pièce, qu'on chauffait ensuite pour chasser le mercure; mais on emploie de préférence aujourd'hui la galvano-plastie, à cause du danger des vapeurs de mercure (93).

103. Chlorure d'argent, AgCl. — Le chlorure d'argent existe dans la nature; on le prépare par l'action du chlore sur l'argent ou en versant de l'acide chlorhydrique ou du sel marin dans une solution d'azotate d'argent; il forme alors un précipité blanc *caillebotté*, c'est-à-dire analogue à du lait caillé.

Il est insoluble dans l'eau, mais soluble dans l'ammoniaque et dans l'hyposulfite de sodium; à la *lumière*, il devient violet puis noir par suite de la formation d'un sous-chlorure Ag^2Cl, et ne se dissout plus alors dans l'hyposulfite, c'est pourquoi on l'emploie en photographie.

L'hydrogène, et par suite le fer ou le zinc en présence de l'eau acidulée, le réduisent en donnant de l'argent pur.

Le *bromure* et l'*iodure* d'argent sont, comme le chlorure, insolubles dans l'eau, solubles dans l'hyposulfite de sodium, et très sensibles à l'action de la lumière; aussi les emploie-t-on en photographie, pour préparer les plaques au gélatino-bromure qui servent à obtenir les épreuves négatives.

Le *cyanure* d'argent, soluble dans un excès de cyanure alcalin, sert à préparer le bain d'argent pour l'argenture galvanique.

104. Azotate d'argent, AzO³Ag. — L'azotate d'argent, qui s'obtient en dissolvant l'argent dans l'acide azotique, forme des lamelles incolores, transparentes, solubles dans l'eau. Fondu vers 200°, il peut être coulé dans une lingotière, en cylindres grisâtres employés, sous le nom de *pierre infernale*, pour cautériser les chairs ; chauffé plus fort il se décompose en donnant d'abord de l'azotite AzO²Ag, puis de l'argent métallique.

A la *lumière*, il se décompose lentement et noircit ; il est réduit aussi par les matières organiques, et tache la peau en noir ; pour la même raison il sert à faire de l'encre à marquer le linge : il laisse sur le linge un dépôt d'argent métallique insoluble dans l'eau et le savon.

Il est très employé en photographie ; et pour argenter les glaces, les miroirs de télescope, on le réduit par l'acide tartrique ou le glucose.

$$\text{Or,} \quad \text{Au} = 196,6.$$

105. Propriétés. — L'or est un métal jaune, qui paraît rouge écarlate quand la lumière a été réfléchie plusieurs fois sur lui. Sa densité est 19,3 ; il fond vers 1100° en donnant un liquide vert, et à plus haute température, il émet des vapeurs vertes. C'est le plus malléable et le plus ductile des métaux, on en fait des feuilles de $\dfrac{1}{10.000}$ de millimètre d'épaisseur, qui sont transparentes et laissent passer une lumière verte.

L'oxygène et l'eau n'attaquent l'or à aucune température ; les acides n'ont aucune action sur lui ; mais le *chlore* et le *brome* l'attaquent à froid ; et le mélange d'acide chlorhydrique et d'acide azotique ou *eau régale*, donnant lieu à la production de chlore, dissout l'or en le transformant en chlorure AuCl³.

Le *mercure* le dissout à toute température.

106. État naturel. — L'or se trouve toujours à l'état natif, et il est très répandu, aussi a-t-il été un des premiers métaux connus.

Il existe sous forme de paillettes, de filaments, ou de grains irréguliers appelés *pépites* et atteignant parfois un poids de plusieurs kilogrammes, dans des filons quartzeux ou dans les sables d'alluvions provenant de la désagrégation de ces roches.

On le trouve encore combiné au tellure, à l'argent, au plomb ou au cuivre.

Les gisements les plus riches sont ceux de Californie, d'Australie et du Transvaal.

107. Métallurgie. — L'extraction de l'or est réduite à un traitement mécanique. Quand le minerai est une roche quartzeuse, compacte, on le broie dans des vases de fer contenant des boulets de fonte auxquels on communique un mouvement de rotation, et qui servent de pilons ; la roche est bientôt réduite en poudre, que l'on traite comme les sables aurifères. On lave ces sables sur des planchers inclinés présentant de petites rainures transversales où l'or, très dense, se rassemble tandis que le courant d'eau entraine le sable.

Pour séparer l'or des sables non enlevés par le lavage, on y ajoute du mercure qui forme un amalgame liquide facile à séparer du sable ; on filtre cet amalgame dans une peau de chamois au travers de laquelle passe le mercure en excès, et il reste un amalgame solide que l'on distille pour isoler l'or.

108. Affinage de l'or. — L'or obtenu ainsi contient presque toujours de l'argent et du cuivre ; pour l'avoir pur, on le fond avec un poids d'argent suffisant pour former un alliage où l'or n'entre que pour 20 pour 100 ; on attaque cet alliage par l'acide sulfurique concentré et bouillant, qui dissout l'argent et le cuivre ; il reste de l'or pulvérulent, qui est lavé, fondu et coulé en lingots.

109. Usages. — L'or a beaucoup d'usages à cause de son inaltérabilité ; mais comme il est très mou et s'use rapidement, on ne l'emploie qu'à l'état d'alliage avec le cuivre, qui lui donne une teinte plus rouge, et quelquefois l'argent, qui forme des alliages appelés *or jaune* ou *or vert*. On en fait des monnaies, des médailles, des bijoux ; on le réduit en feuilles minces pour la dorure sur bois, en fils très fins pour les broderies et passementeries d'or. On recouvre aussi d'une mince couche d'or des objets de cuivre, de laiton, de bronze, d'argent, ce qui peut se faire comme pour l'argenture soit par l'amalgame d'or, soit par galvanoplastie.

110. Chlorure d'or, $AuCl^3$. — Le chlorure d'or que l'on obtient par l'action du chlore ou de l'eau régale sur l'or, est le seul sel d'or soluble dans l'eau et ayant quelque usage. Il est jaune, cristallisé ; sa solution est réduite par la lumière, l'anhydride sulfureux, le sulfate de fer, l'acide oxalique, avec précipitation d'or métallique pulvérulent très divisé, employé dans la dorure sur porcelaine. Il est réduit aussi par l'argent, ce qui fait employer le chlorure d'or pour le virage des photographies, l'argent qui imprègne le papier dans les noirs de l'épreuve étant remplacé par une couche violacée d'or métallique.

RÉSUMÉ DU CHAPITRE VIII

Le *mercure* Hg est le seul métal liquide ; il est blanc brillant ; il se solidifie à —40° et bout à 360°. Il émet, dès la température ordinaire, des vapeurs vénéneuses. Chauffé, il forme de l'oxyde rouge HgO.

L'acide sulfurique l'attaque à l'ébullition, et l'acide azotique à la température ordinaire.

Le mercure dissout la plupart des métaux. On le retire du sulfure de mercure (cinabre) par grillage à l'air ; le mercure se dégage à l'état de vapeurs que l'on condense

Le mercure est employé dans la construction des baromètres, thermomètres, etc.; en chimie, dans l'étamage des glaces et l'extraction de l'or et de l'argent.

L'argent Ag est blanc brillant, très malléable, très ductile, c'est le meilleur des conducteurs.

Il ne s'oxyde à aucune température et n'a pas d'action sur l'eau. Il est attaqué par l'acide sulfhydrique et l'acide azotique à froid, et par l'acide sulfurique bouillant.

L'argent se rencontre à l'état natif; on l'extrait surtout du chlorure ou du sulfure qu'on transforme en chlorure par le chlorure de sodium, puis on précipite l'argent du chlorure par le fer ou le mercure.

L'argent est employé pour recouvrir d'autres métaux, et à l'état d'alliage avec le cuivre pour faire des monnaies, des bijoux, de la vaisselle.

L'or Au est jaune brillant, très dense; c'est le plus malléable et le plus ductile des métaux. Il n'est attaqué que par le chlore, le brome et l'eau régale ; le mercure le dissout à froid.

L'or se trouve toujours à l'état natif, et on l'extrait par un traitement purement mécanique; on le rassemble en le dissolvant dans le mercure et distillant l'amalgame formé.

On emploie l'or pour recouvrir d'autres métaux, ou à l'état d'alliage avec le cuivre ou l'argent pour faire des monnaies ou des bijoux.

CHAPITRE IX

GÉNÉRALITÉS SUR LES SELS

111. Définitions. — Nous avons déjà vu qu'on appelle sel le résultat de la réaction d'un acide sur un hydrate basique, avec élimination d'eau ; ainsi l'acide azotique et la potasse forment de l'azotate de potassium :

$$AzO^3H + KOH = AzO^3K + H^2O.$$

Un sel peut encore être considéré comme **le résultat de la substitution d'un métal à l'hydrogène dans un acide.**

Si l'acide ne renferme qu'un atome d'hydrogène basique, c'est-à-dire capable d'être remplacé par un métal, il est dit monacide, et ne donne avec un métal qu'un seul sel : ainsi l'acide azotique ne donne qu'une série d'azotates, de formule générale AzO^3M avec les métaux monovalents et $(AzO^3)^2M$ avec les métaux divalents.

Un acide peut renfermer 2, 3 atomes d'hydrogène remplaçables par un métal, il est alors biacide ou triacide ; et comme la substitution d'un métal à l'hydrogène n'est pas forcément complète, il pourra donner avec un même métal plusieurs sels ; les sels dans lesquels la substitution est complète sont appelés *sels neutres* ; ceux dans lesquels il reste de l'hydrogène, qui peuvent par conséquent jouer encore le rôle d'acides, sont dits *sels acides.*

L'acide sulfurique SO^4H^2 donnera par exemple un sulfate neutre de potassium SO^4K^2, et un sulfate acide SO^4HK ; l'acide phosphorique PO^4H^3 peut donner un phosphate neutre de sodium PO^4Na^3, un phosphate monacide PO^4HNa^2, et un phosphate biacide PO^4H^2Na.

Ces dénominations ne sont pas toujours d'accord avec l'action des sels sur la teinture de tournesol, car si le sulfate neutre de potassium est neutre au tournesol, le phosphate neutre et même le phosphate monacide bleuissent le tournesol, tandis que le sulfate neutre de cuivre ou de zinc le rougissent.

Les hydracides donnent des sels absolument comparables à ceux des acides oxygénés, ce sont les sulfures, chlorures, bromures, etc.; ainsi :

$HCl + KOH = H^2O + KCl$,   chlorure de potassium ;
$H^2S + KOH = H^2O + KSH$,   sulfure acide de potassium ;
$H^2S + 2KOH = 2H^2O + K^2S$,   sulfure neutre de potassium.

112. Propriétés physiques. — Les sels sont solides à la température ordinaire, cristallisables ; ils sont généralement blancs ou incolores quand leur acide est incolore et qu'ils sont anhydres ; hydratés, ils ont souvent une coloration dépendant du métal : ainsi les sels de cuivre sont bleus ou verts, ceux de manganèse roses, les sels ferreux sont verts, les sels ferriques jaune rougeâtre.

La plupart des sels sont solubles dans l'eau, et en général

la solubilité augmente avec la température, ainsi 100^{gr} d'eau dissolvent, à 0°, 13^{gr} de salpêtre et à 98° 236^{gr} ; pour le sel marin, la solubilité reste sensiblement la même : 100^{gr} d'eau dissolvent 36^{gr} de chlorure de sodium à 15° et 39^{gr} à 100°.

113. Action de l'eau. — L'eau peut avoir en outre une action chimique sur les sels, entrer en combinaison avec eux, pour former des hydrates, ou faire partie de la constitution même de la molécule.

Ainsi, quand une solution saturée d'un sel est refroidie ou évaporée, le sel repasse à l'état solide, en formant des cristaux, qui très souvent sont hydratés ; le sulfate de cuivre, par exemple, forme des cristaux bleus, $SO^4Cu + 5H^2O$, qui perdent cette eau et deviennent blancs quand on les chauffe à 200°, et qui redeviennent bleus en reprenant $5H^2O$, dès qu'on les met au contact de l'eau.

Cette eau, qui peut être éliminée sans changer les propriétés chimiques du corps, est dite *eau de cristallisation* ; il ne faut pas la confondre avec l'*eau d'interposition*, c'est-à-dire avec celle qui reste interposée entre les lamelles des cristaux pendant que ceux-ci se forment, et qui produit, par sa vaporisation, la décrépitation des sels même anhydres quand on les chauffe.

Certains hydrates perdent, dans l'air sec, une partie de leur eau de cristallisation, et leur surface devient opaque et pulvérulente ; ils sont dits *efflorescents* : tels sont le carbonate et le sulfate de sodium.

D'autres sels, comme le carbonate de potassium, le chlorure de calcium, prennent au contraire l'humidité de l'air et se dissolvent dans l'eau qu'ils fixent; ils sont dits *déliquescents.*

Quand on chauffe un sel hydraté très riche en eau de cristallisation, comme l'alun, il peut fondre dans cette eau, c'est ce qu'on appelle la *fusion aqueuse;* en continuant à chauffer, le sel se dessèche, devient anhydre et reprend l'état solide; s'il n'est pas décomposable par la chaleur, il peut ensuite fondre de nouveau, c'est alors la *fusion ignée.*

114. Action de l'électricité. — Le courant électrique décompose les sels, rendus conducteurs par la dissolution ou la fusion ; le métal se porte sur l'électrode négative et le reste du sel sur l'électrode positive. Ainsi en plongeant dans un tube en U contenant une solution de sulfate de cuivre, deux lames de platine mises en communication avec les pôles d'une pile (*fig.* 23), du cuivre se dépose sur la lame négative, tandis que sur l'autre lame se dégagent des bulles d'oxygène et que la solution devient plus riche en acide sulfurique :

$$SO^4Cu + H^2O = Cu + (SO^4H^2 + O).$$

Ce mode de décomposition est général, mais souvent les résultats définitifs de l'électrolyse sont très différents parce que les produits de la décomposition ont réagi sur le dissolvant ou sur les électrodes; avec le sulfate de potassium par exemple, on aurait sur l'électrode négative, au lieu de potassium, de l'hydrate de potassium et des

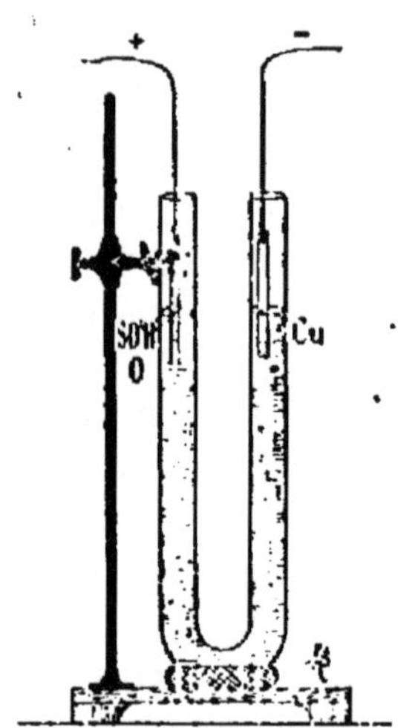

Fig. 23. — Décomposition du sulfate de cuivre par la pile.

bulles d'hydrogène, provenant de la réaction secondaire :

$$H^2O + K = KOH + H;$$

de sorte que le courant parait avoir décomposé le sel en acide sulfurique et oxygène d'une part, et potasse et hydrogène d'autre part.

La galvanoplastie, la dorure et l'argenture sont fondées sur la décomposition des sels par le courant électrique.

115. Action des métaux. — Les métaux peuvent se substituer les uns aux autres dans leurs dissolutions salines ; ainsi une lame de cuivre plongée dans une solution d'azotate d'argent, se recouvre de cristaux d'argent en même temps qu'il se produit de l'azotate de cuivre (*fig.* 24) ; une lame de fer, dans du sulfate de cuivre, se recouvre de cuivre et il se fait du sulfate de fer ; et les substitutions se font suivant les formules

$$2(AzO^3Ag) + Cu = (AzO^3)^2Cu + 2Ag,$$
$$SO^4Cu + Fe = SO^4Fe + Cu,$$

qui montrent que tandis qu'un atome de cuivre est équivalent à un atome de fer, il déplace deux atomes d'argent.

Fig. 24. — Décomposition de l'azotate d'argent par le cuivre.

116. Action des acides, des bases et des sels sur les sels. — Lois de Berthollet. — Les réactions qui se produisent quand on mélange deux solutions salines, ou un sel avec un acide ou une base, sont le plus souvent très complexes. Du chlorure de sodium étant mélangé à de l'azotate de potassium, par exemple, on trouve dans le liquide, outre ces deux sels, du chlorure de potassium et de l'azotate de sodium, et les proportions des quatre corps sont très variables suivant les conditions de l'expérience. Mais si on remplace l'azotate de potassium par celui d'argent, le chlorure d'argent formé étant insoluble se précipite, et la réaction continue jusqu'à ce que tout l'argent soit passé à l'état de chlorure si la quantité de chlorure de sodium est suffisante.

C'est en s'appuyant sur cette remarque que Berthollet a énoncé les lois qui portent son nom et qui permettent de prévoir les réactions dans le cas où un composé insoluble ou volatil peut prendre naissance.

Ces lois peuvent être résumées dans l'énoncé suivant :

Un sel est décomposé par un acide, une base ou un autre sel lorsque, de l'échange des acides et des bases, peut résulter un composé moins soluble ou plus volatil que les corps réagissants, dans les conditions de l'expérience.

Exemples : En versant de l'acide chlorhydrique dans une solution de silicate de potassium, l'acide silicique insoluble se dépose :

$$SiO^3K^2 + 2HCl = 2KCl + SiO^2 + H^2O.$$

L'acide chlorhydrique réagissant sur le carbonate de calcium, l'anhydride carbonique qui est gazeux se dégage :

$$CO^3Ca + 2HCl = CaCl^2 + H^2O + CO^2.$$

En chauffant de l'azotate de potassium avec de l'acide sulfurique, l'acide azotique, volatil à la température de l'expérience, se dégage :

$$AzO^3K + SO^4H^2 = SO^4HK + AzO^3H.$$

La chaux agissant sur le carbonate de potassium, donne du carbonate de calcium, insoluble, et de la potasse :

$$CO^3K^2 + CaO + H^2O = CO^3Ca + 2KOH.$$

Si l'on chauffe de la chaux avec du chlorhydrate d'ammoniaque, du gaz ammoniac se dégage :

$$CaO + 2AzH^4Cl = CaCl^2 + 2AzH^3 + H^2O.$$

En mélangeant du chlorure de baryum et du sulfate de potassium, il se fait du sulfate de baryum insoluble :

$$BaCl^2 + SO^4K^2 = 2KCl + SO^4Ba.$$

Le carbonate d'ammonium volatil peut s'obtenir en chauffant du carbonate de calcium et du sulfate d'ammonium :

$$CO^3Ca + SO^4(AzH^4)^2 = CO^3(AzH^4)^2 + SO^4Ca.$$

Les lois de Berthollet, qui ne s'appliquent pas au cas où il ne se produit ni corps volatil ni composé insoluble, sont en contradiction avec les faits dans un grand nombre de réactions : ainsi l'acide sulfurique décompose les carbonates même quand tout l'acide carbonique reste dissous ; il décompose le tartrate de calcium, bien que le sulfate de calcium soit plus soluble que le tartrate ; le sulfate de fer mélangé à l'acétate de sodium donne de l'acétate de fer qui colore la solution en rouge foncé, bien qu'il n'y ait ni gaz dégagé, ni précipité.

Ces lois n'ont donc pas la généralité qu'on leur avait attribuée d'abord ; et les travaux de MM. Berthelot, Thomsen et de leurs élèves ont montré que **dans toute réaction, il tend toujours à se former la combinaison qui dégage la plus grande quantité de chaleur.** Jusqu'à présent ce principe du *travail maximum* peut être regardé comme général ; et il s'applique non seulement aux sels mais encore à toutes les réactions, par exemple au déplacement du métal d'un sel par un autre métal.

RÉSUMÉ DU CHAPITRE IX

Un *sel* est le résultat de la substitution d'un métal à l'hydrogène d'un acide. Le sel est neutre si la substitution est complète ; il est acide s'il reste de l'hydrogène remplaçable par un métal.

Les sels sont solides ; ils cristallisent en retenant souvent de l'eau de cristallisation, dans laquelle ils fondent quand on les chauffe (fusion aqueuse) avant de fondre sous la seule action de la chaleur (fusion ignée).

Le courant électrique décompose les sels fondus ou dissous ; le métal se porte sur l'électrode négative, le reste sur l'électrode positive.

Les métaux peuvent se substituer les uns aux autres dans leurs dissolutions salines.

Les réactions des acides, des bases et des sels sur les sels se font en général suivant les lois de Berthollet, qui peuvent se résumer ainsi :

Un sel est décomposé par un acide, une base ou un autre sel lorsqu'un corps moins soluble ou plus volatil que les corps réagissants peut se former dans les conditions de l'expérience.

Les réactions se font en réalité d'après un principe plus général : il tend toujours à se former la combinaison qui dégage la plus grande quantité de chaleur.

CHIMIE ORGANIQUE

CHAPITRE X

GÉNÉRALITÉS

117. Définitions. — La chimie organique étudie les matières contenues dans les êtres vivants.

Ces matières se subdivisent en deux groupes :

1° Les *substances organisées*. — Elles sont constituées par le groupement, sous l'influence de la vie, d'un nombre plus ou moins grand de composés définis dont l'ensemble forme les tissus des êtres vivants ou ayant vécu (tissus cellulaire, fibreux, graisseux, osseux, etc.; liquides organisés : lait, sang, urine, excrétions diverses).

Ces matières ne cristallisent pas et ne peuvent changer d'état sans s'altérer. Leur étude dépend de la biologie, et il est évident que le chimiste n'a pas à en poursuivre la reproduction par les méthodes synthétiques.

2° Les *substances organiques*. – Le but du chimiste est, au contraire, d'isoler, d'analyser, de reproduire et de transformer les corps définis qui entrent dans la composition des tissus, et qui portent le nom de substances ou matières organiques. Ces corps cristallisent pour la plupart, ils ont des propriétés chimiques et physiques bien constantes : ils ne se différencient donc pas d'une manière essentielle des composés déjà étudiés en chimie minérale, et la synthèse d'un grand nombre d'entre eux a pu être réalisée par le jeu exclusif des affinités chimiques ; tels sont l'alcool, le sucre, l'acide acétique, etc.

Seulement, il est à remarquer qu'un très petit nombre d'éléments entrent dans la composition des substances organiques aussi bien que des corps organisés ; ce sont : le carbone, l'hydrogène, l'oxygène et l'azote, et quelquefois de petites quantités de soufre et de phosphore. Mais dans tous, on trouve toujours du carbone ; aussi la chimie organique a-t-elle été encore définie : l'étude des composés du carbone.

118. Analyse immédiate. — Les différentes parties d'un être vivant, ou même d'un organe déterminé, si on les analyse directement, présentent des compositions très variables, ce qui pourrait faire considérer les matières organiques comme n'étant pas des composés définis.

Mais on peut séparer ces substances en un certain nombre de composés ayant tous les caractères d'espèces chimiques et qu'on nomme *principes immédiats*.

L'analyse immédiate, par laquelle on isole les espèces chimiques dont le mélange constitue une matière organique donnée, doit séparer ces principes immédiats sans les altérer ; aussi est-elle souvent difficile.

Elle peut employer des actions mécaniques, physiques ou chimiques : l'action de la chaleur, des dissolvants neutres, des composés acides ou basiques. Ainsi, pour extraire les huiles contenues dans certaines graines ou dans des fruits, comme les olives, on procède par la *compression*, aidée quelquefois par la chaleur ; en *lavant* la farine de blé sous un mince filet d'eau, on la sépare en amidon insoluble, qui est entrainé par l'eau, et gluten qui reste en une masse élastique, tandis que d'autres substances qui se trouvaient dans la farine, comme l'albumine, sont dissoutes. Par *refroidissement* lent de l'huile d'olive, on sépare la margarine en petites perles blanches, de l'oléine restée liquide. On peut encore *distiller* les matières, pour séparer les principes volatils de ceux qui le sont moins : c'est ainsi qu'on extrait l'alcool du jus de raisin fermenté.

Ou bien on emploie des *réactifs* capables de se combiner à certaines substances en donnant des produits plus faciles à isoler : ainsi après avoir séparé le jus d'un citron de l'écorce, dans laquelle on trouvera un principe ligneux, une matière colorante et une essence odorante, si l'on chauffe ce jus vers 75°, on en séparera de l'albumine, qui se coagulera ; et le liquide restant, saturé par la chaux, donnera du citrate de calcium en suspension dans l'eau ; en ajoutant de l'acide sulfurique, il se fera du sulfate de calcium insoluble, et le liquide donnera des cristaux d'acide citrique par évaporation.

119. Analyse élémentaire. — Les espèces chimiques, bien définies, étant isolées, pour en déterminer la composition on en fait l'analyse élémentaire, c'est-à-dire qu'on cherche quels sont les éléments qui entrent dans la constitution de chaque substance, et dans quelles proportions. Si l'on chauffe la matière organique avec un corps oxydant, on obtient toujours du gaz carbonique, ce qui prouve qu'il y a toujours du *carbone* dans ces produits : si l'on avait eu soin, avant de la brûler, de la dessécher à 100°, et qu'on trouve dans les produits de la combustion de la vapeur d'eau, c'est que la substance analysée contenait de l'*hydrogène*.

Pour reconnaître si elle renferme de l'*azote*, on la chauffe avec de la potasse ou de la chaux sodée; l'azote donne alors lieu à un dégagement d'ammoniaque, dont l'odeur et la réaction alcaline sont caractéristiques.

L'existence d'*oxygène* dans le corps peut se conclure de la présence de gaz carbonique et d'eau dans les produits de la décomposition pyrogénée du corps ; on la déduit surtout de l'analyse quantitative de la substance.

On remarque, comme on l'a déjà vu, que ces quatre éléments, carbone, hydrogène, oxygène, azote, sont les éléments fondamentaux des substances organiques ; ce qui produit l'infinie variété de ces corps, c'est donc surtout la variété dans les proportions suivant lesquelles ces éléments s'unissent, proportions que l'on détermine par l'analyse quantitative.

120. Analyse quantitative. — 1° *Si la matière n'est pas azotée*, on en mélange un poids déterminé avec de l'oxyde de cuivre pur, et on chauffe le tout au rouge dans un tube de verre peu fusible, communiquant avec des tubes à chlorure de calcium suivis de tubes à potasse (*fig*. 25). L'oxyde de cuivre fournit de l'oxygène au carbone et à l'hydrogène du composé, et il se dégage du gaz carbonique et de la vapeur d'eau, dont les poids seront donnés par l'augmentation de poids des tubes à potasse et à chlorure de calcium.

De ces poids on déduira facilement ceux du carbone et de l'hydrogène qui ont été brûlés.

Si la somme des poids de ces deux éléments est égale au poids de la substance que l'on analyse, c'est que ce composé ne contenait que du carbone et de l'hydrogène.

Sinon, la différence représente le poids de l'oxygène qui se trouvait dans le poids donné du composé. C'est ce qu'on appelle doser l'oxygène par différence.

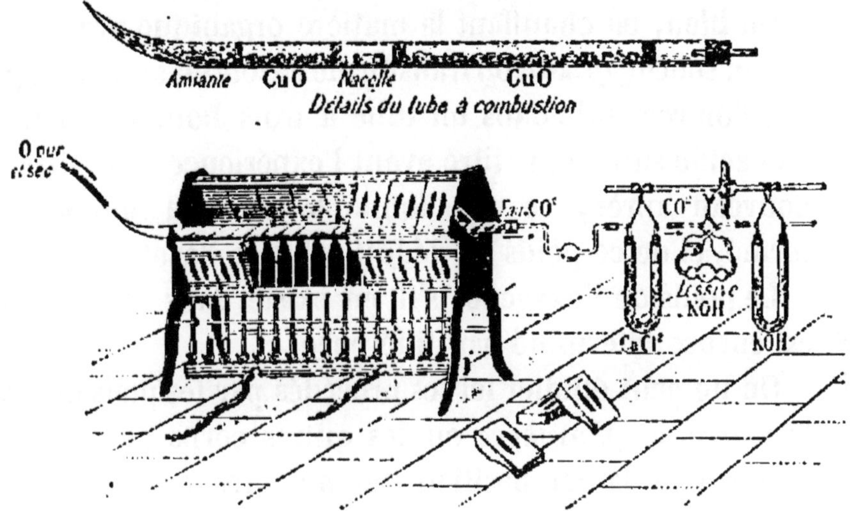

Fig. 25. — Analyse d'une matière organique.

Pour que cette manière de procéder soit exacte, il faut que par des essais préalables on ait constaté que la matière analysée ne contient ni soufre, ni phosphore, ni d'autres corps.

2° *Si la substance est azotée*, après avoir dosé le carbone

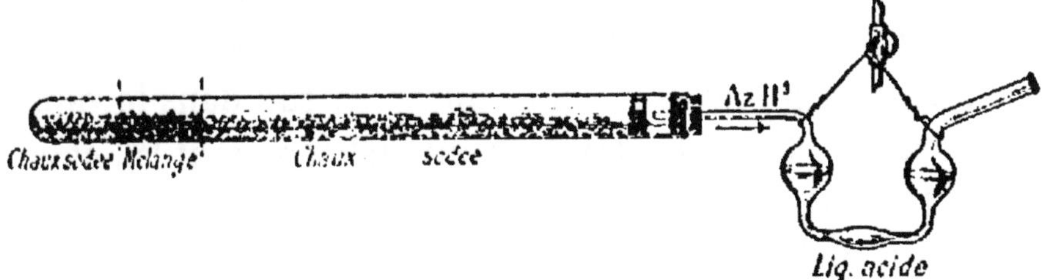

Fig. 26. — Dosage de l'azote à l'état de gaz ammoniac.

et l'hydrogène comme précédemment, on fait une seconde opération pour doser l'azote. Pour cela, il faut mettre, vers la sortie du tube où l'on brûle la matière avec l'oxyde de cuivre, des copeaux de cuivre qui réduisent les produits oxygénés que l'azote aurait pu former ; on recueille l'azote libre, à l'état de gaz, et on calcule son poids d'après son volume.

Ou bien, en chauffant la matière organique avec de la chaux sodée (*fig.* 26), on transforme l'azote en ammoniaque, que l'on recueille dans un tube à trois boules contenant de l'acide sulfurique titré avant l'expérience ; on titre de nouveau après, ce qui donne le poids d'ammoniaque formé, et de ce poids on déduit celui de l'azote.

Le poids de l'oxygène, s'il en existe dans le composé, est encore déterminé par différence.

On ne peut étudier ici les procédés par lesquels on dose le *soufre*, le *phosphore* ou les autres corps qui peuvent entrer dans la composition des matières organiques, ou les substances minérales qui restent à l'état de cendres après la combustion ; mais il faut déterminer le poids de ces divers corps, ou s'assurer qu'ils n'existent pas dans la substance analysée, avant de calculer le poids de l'oxygène.

121. Formules moléculaires. — Des nombres fournis par l'analyse quantitative, on peut déduire la formule du composé. Supposons que l'on ait brûlé 100^{gr} de benzine ; on trouve qu'ils contenaient 92^{gr},3 de carbone et 7^{gr},7 d'hydrogène, nombres qui sont entre eux dans le rapport de 12 à 1 ; le poids atomique du carbone étant 12, et celui de l'hydrogène 1, on en conclut que la formule la plus simple de la benzine serait CH.

Mais on a admis que le poids moléculaire d'un corps est un poids tel que, à l'état de vapeur, il occupe le même volume qu'une molécule d'hydrogène pesant deux unités de poids.

La densité de vapeur de la benzine étant **2,74**, son poids moléculaire est

$$\frac{2}{0,0693} \times 2,74 = 22,86 \times 2,74 = 78,9,$$

nombre très voisin de 13×6; et par suite une molécule de benzine renferme 6 atomes de carbone unis à 6 atomes d'hydrogène, et sa formule doit être C^6H^6.

Pour les corps non volatils, dont on ne peut par conséquent déterminer la densité de vapeur, on détermine le poids moléculaire en s'appuyant sur leurs réactions chimiques; ainsi, on pourra fixer la formule d'un acide en cherchant quel est le poids de cet acide qui forme un sel avec un atome d'un métal monovalent, comme l'argent.

Pour les corps neutres et non volatils, le poids moléculaire ne pouvant être actuellement fixé, on admet pour leur formule celui des multiples de leur formule la plus simple qui permet de représenter le plus facilement les réactions auxquelles ils donnent lieu.

122. Formules développées ou de constitution. — On remplace souvent la formule brute des corps, qui indique seulement le nombre d'atomes de chaque élément entrant dans la composition d'une molécule, par des formules développées, déduites de l'étude des réactions et des propriétés des corps. Ces formules, dans lesquelles les radicaux (c'est-à-dire des groupes fonctionnant comme des corps simples) sont mis en évidence, et qui paraissent d'abord plus compliquées que les premières, ont l'avantage de faciliter le groupement des corps, de faire prévoir souvent les réactions possibles, et de différencier des corps qui, étant *isomères*, c'est-à-dire ayant la même composition moléculaire, donnent cependant lieu à des réactions très différentes.

Ainsi, pour l'alcool dont la formule brute est C^2H^6O, en écrivant à part dans cette formule un oxhydrile OH, et le groupe C^2H^5, on voit que ce radical, l'éthyle, est comparable au potassium; et les formules qui représentent les réactions des éthers de l'alcool deviennent analogues à celles qui expriment la formation des sels de potassium :

K — OH,　hydrate de potassium.

C^2H^5 — OH,　hydrate d'éthyle ou alcool.

K — Cl,　chlorure de potassium.

C^2H^5 — Cl,　chlorure d'éthyle, ou éther éthylchlorhydrique, etc.

La formule C^2H^5.OH sera une formule de constitution de l'alcool.

123. Classification des matières organiques. — On peut grouper les matières organiques d'une façon très rationnelle d'après l'ensemble de leurs propriétés, c'est-à-dire d'après leur *fonction chimique* : ces fonctions chimiques sont en rapport avec le mode de groupement des atomes ; elles sont bien plus nombreuses que celles des composés de la chimie minérale, et les principales sont les suivantes :

1° *Carbures d'hydrogène*, ou *hydrocarbures*, dont la formule typique est R — H, R étant un radical monovalent tel que CH^3, C^2H^5, ...

2° *Alcools* : R — OH ; les alcools peuvent être rapprochés des hydrates métalliques.

3° *Aldéhydes* : R — COH ; les aldéhydes ou alcools déshydrogénés sont le premier produit d'oxydation des alcools.

4° *Acides* : R — CO.OH ; les acides proviennent de l'oxydation plus avancée des alcools qui ont à la fois perdu de l'hydrogène et fixé de l'oxygène ; ils sont comparables aux acides minéraux.

5° *Ethers-sels* : les éthers-sels résultent de la réaction d'un acide sur un alcool avec élimination d'eau, comme les sels minéraux dérivent de l'action d'un acide sur une base métallique.

6° *Ethers-oxydes* : les éthers-oxydes dérivent des alcools par déshydratation, comme les oxydes dérivent des hydrates.

7° *Amines* : R — AzH^2 ; les amines proviennent de la combinaison de l'ammoniaque et d'un alcool R — OH, avec élimination d'eau, et substitution de AzH^2 à OH ; elles jouent le rôle de bases.

8° *Amides* : R — CO.AzH^2 ; les amides dérivent des sels ammoniacaux R — CO.$OAzH^4$ auxquels on a enlevé de l'eau.

RÉSUMÉ DU CHAPITRE X

La *chimie organique* étudie les matières contenues dans les êtres vivants, c'est-à-dire les substances organisées, constituant les tissus des êtres animés, et les substances organiques, véritables composés chimiques bien définis. Dans tous ces corps, on trouve toujours du carbone ; la chimie organique est donc l'étude des composés du carbone.

L'analyse immédiate extrait des organes des êtres vivants ou de leurs produits, des composés définis appelés principes immédiats.

L'analyse élémentaire détermine la composition des substances organiques, qui ne renferment, le plus souvent, que du carbone, de l'hydrogène, de l'oxygène et de l'azote.

L'analyse quantitative détermine les proportions relatives de ces éléments ; pour les corps non azotés, on en chauffe un poids déterminé avec de l'oxyde de cuivre, on recueille le gaz carbonique et l'eau formés, d'où l'on déduit les poids de carbone et d'hydrogène ; l'oxygène est dosé par différence. Pour les corps azotés, on dose l'azote en volume, ou on le fait passer à l'état de gaz ammoniac en chauffant le corps avec de la chaux sodée.

Les poids fournis par l'analyse permettent d'établir la formule d'un composé organique ; cette formule doit représenter une molécule, c'est-à-dire le poids du corps qui occupe même volume qu'une molécule d'hydrogène pesant 2.

Si le corps n'est pas volatil, on détermine sa formule moléculaire par des considérations chimiques.

CHAPITRE XI

CARBURES D'HYDROGÈNE

---

124. Propriétés générales. — Les carbures d'hydrogène ou hydrocarbures sont des corps neutres, composés seulement de carbone et d'hydrogène.

Ce sont les plus simples des composés organiques, et on peut supposer que tous les autres composés en dérivent par la substitution de divers radicaux à l'hydrogène.

Les hydrocarbures, très nombreux dans la nature, proviennent surtout de la décomposition par la chaleur des matières organiques. Les uns sont gazeux, comme le méthane, l'éthylène, d'autres sont liquides, comme la benzine, les huiles essentielles, d'autres solides, comme les paraffines, la naphtaline. Ils sont tous décomposables à haute température en carbone et hydrogène; tous sont combustibles, et brûlent avec une flamme plus ou moins éclairante, en donnant du gaz carbonique et de l'eau; si l'oxygène est en quantité insuffisante pour la combustion complète, la flamme est fuligineuse et laisse un dépôt de charbon.

Les hydrocarbures peuvent être groupés en séries de formules analogues, ne différant de l'un au suivant que par CH^2 en plus, dont les propriétés chimiques sont les mêmes, et dont les propriétés physiques varient assez régulièrement; ainsi les premiers termes des séries, ceux dont les formules sont les plus simples, sont en général gazeux, les suivants sont liquides, et le point d'ébullition s'élève à mesure que la molécule devient plus complexe; de même la densité augmente avec la quantité de carbone.

125. Hydrocarbures saturés, C^nH^{2n+2}. — Le méthane CH^4 (qui a été étudié dans la chimie minérale) est le type de toute une série d'hydrocarbures, dont la formule générale est C^nH^{2n+2}, caractérisés par leur peu d'affinité pour la plupart des réactifs, et qui ne donnent pas de produits d'addition, d'où leur nom de carbures saturés. Avec le chlore, ils donnent des produits de substitution.

On trouve ensuite, dans cette série, l'*éthane* C^2H^6, le *propane* C^3H^8, le *butane* C^4H^{10}, le *pentane* C^5H^{12}, etc.

Ce sont des carbures de cette série qui forment la partie principale des *pétroles*.

Pétroles.

126. Les pétroles (huile de pierre) ou *huiles de naphte* sont des mélanges d'hydrocarbures bouillant entre 4° et 500°, que l'on trouve dans le sol; ils proviennent probablement de la décomposition lente de végétaux, surtout de plantes marines à texture cellulaire, car on trouve en général, dans le voisinage du pétrole, de l'eau salée et du sel gemme.

Le pétrole d'Amérique (Pensylvanie) se trouve généralement dans des sortes de poches closes, irrégulières, où se trouvent superposés de l'eau salée A, des huiles B et des gaz comprimés C (*fig*. 27). Si le trou de sonde vient en A, il monte à la surface du sol de l'eau salée ; s'il vient en B, il fournit du pétrole ; s'il vient en C, les gaz se dégagent.

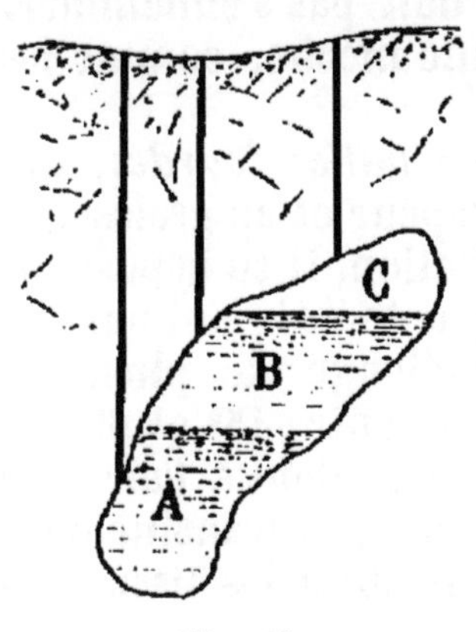

Fig. 27.

Des dépôts abondants se trouvent aussi à Java, en Roumanie et dans le Caucase.

Les pétroles d'Amérique sont des hydrocarbures saturés de formule C^nH^{2n+2} ; la partie la plus importante des pétroles du Caucase est formée d'hydrocarbures de formule C^nH^{2n} dont les propriétés sont aussi celles des hydrocarbures saturés, mais analogues aux composés benzéniques.

Le pétrole brut est un liquide épais, brun noirâtre à reflets fluorescents, quelquefois incolore ou jaunâtre, odorant, volatil, dont la densité varie entre 0,78 et 0,96. Il est très inflammable, et peut s'enflammer à distance, par suite des vapeurs qu'émettent les hydrocarbures C^3H^8, C^4H^{10} ; il brûle avec une flamme bleuâtre, en donnant une fumée épaisse.

127. Dérivés du pétrole. — On le sépare, par distillation fractionnée, en produits très importants dans la pratique :

1° Des *huiles légères*, distillant jusqu'à 150°, on sépare :

Les *éthers* de pétrole, bouillant entre 35° et 70°, très inflammables, dangereux à manier, qu'on emploie pour dissoudre les résines ;

L'*essence de pétrole* ou *essence minérale*, bouillant entre 80 et 120°, utilisée pour l'éclairage ; elle émet des vapeurs dès la température ordinaire et ne doit être employée qu'avec précaution, dans des lampes à éponge, afin qu'il n'y ait pas de liquide libre dans le réservoir. C'est un dissolvant des corps gras.

2° Les produits distillant entre 150 et 280° constituent l'*huile lampante*, ou *huile de pétrole*, qui n'émet pas de vapeurs à la température ordinaire, et qu'on emploie pour l'éclairage ; ce liquide, pour n'être pas dangereux, doit être bien rectifié, ce que l'on reconnaît en en versant dans une soucoupe et en approchant une allumette enflammée : cette allumette immergée dans le liquide s'éteint ; l'huile ne doit pas s'enflammer, et ne doit brûler qu'à l'extrémité d'une mèche, comme les huiles végétales.

3° Entre 300 et 400° on obtient les *huiles lourdes*, qui servent au chauffage des machines à vapeur et au graissage. En les refroidissant aussitôt leur distillation, il se dépose un corps solide qui, purifié et décoloré par le noir animal, est blanc, cristallin ; c'est la *paraffine*, mélange de plusieurs carbures encore mal définis ; elle fond entre 45° et 65°, et vers 125°, émet des vapeurs blanches qui brûlent à l'air avec une flamme brillante. On en fait des bougies translucides ; on s'en sert encore pour rendre imperméables les tissus, les bouchons, etc.

4° Le résidu de ces distillations, évaporé lentement à l'air, puis décoloré par le noir animal, forme la *vaseline*, matière onctueuse, molle, incolore quand elle est pure, inodore ; on l'emploie beaucoup en pharmacie, pour remplacer les corps gras sur lesquels elle a l'avantage de ne pas rancir.

5° Si l'on pousse jusqu'au bout la distillation du pétrole, on obtient comme résidus des *goudrons*, puis des produits solides, charbonneux, qu'on utilise pour le chauffage.

128. Hydrocarbures non saturés. — L'*éthène* ou éthylène C^2H^4 (étudié en chimie minérale) est le type de toute une série de carbures, de formule générale C^nH^{2n}, qui peuvent comme lui donner des produits d'addition et des produits de substitution avec le chlore et d'autres corps.

Ce sont, après l'éthène, le *propène* C^3H^6, le *butène* C^4H^8, le *pentène* C^5H^{10}, etc.

De même l'*éthine* ou acétylène C^2H^2 (étudié en chimie minérale) est le type d'une série de carbures : *propine* C^3H^4, *butine* C^4H^6, etc. de formule générale C^nH^{2n-2}, qui peuvent donner des produits d'addition avec 2 ou 4 atomes monovalents.

Les propriétés de tous ces hydrocarbures peuvent s'expliquer par des hypothèses sur la constitution de leur molécule d'après la valence du carbone, dans l'étude desquelles nous ne pouvons entrer ici.

129. Hydrocarbures de la série C^nH^{2n-4}. — Dans cette série on trouve de nombreux carbures, tous isomères, de formule $C^{10}H^{16}$, appelés *térébenthènes* ; les principaux sont les

essences de térébenthine, de genièvre, de girofle, de citron,
d'orange, de lavande, de bergamote, et en général toutes les
essences végétales. Ces corps diffèrent entre eux par quelques
propriétés physiques : leur température d'ébullition, leur
densité... ; ils sont peu volatils ; leur odeur ne se développe
qu'autant qu'ils sont exposés à l'air ; ils s'oxydent alors et se
transforment en résines.

Essence de térébenthine, $C^{10}H^{16}$.

130. L'essence de térébenthine ou *térébenthène* s'extrait de
la térébenthine brute, résine qui s'écoule des incisions pra-
tiquées au tronc des pins, des sapins, des mélèzes, etc. ; cette
matière chauffée avec beaucoup d'eau laisse dégager le térébenthène, qui est entraîné par la vapeur d'eau ; les deux corps
se condensent, et l'essence s'accumule à la surface de l'eau
dans un récipient florentin (*fig.* 28) ;
il reste dans l'alambic une résine
solide, transparente, jaune, à cassure vitreuse, la *colophane*.

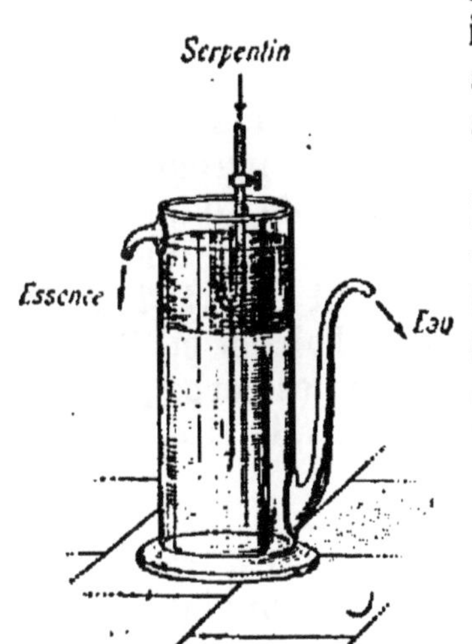

Fig. 28. — Récipient florentin.

L'essence de térébenthine est un
liquide incolore, d'une odeur caractéristique, dont la densité est 0,864,
bouillant à 160°. Elle est soluble
dans l'éther et dans l'alcool ; elle
dissout le soufre, le phosphore,
les graisses, les résines, le caoutchouc.

Abandonnée à l'air, elle absorbe
l'oxygène, jaunit, s'épaissit et se
transforme avec le temps en une
résine solide.

Au contact d'un corps enflammé,
une mèche imbibée de térébenthène
brûle avec une flamme rougeâtre, très fuligineuse, qu'on
emploie pour préparer le noir de fumée.

L'*acide azotique* fumant l'enflamme ; l'acide étendu et
bouillant l'oxyde lentement en donnant des produits acides.
Avec l'*acide chlorhydrique*, elle donne des produits d'addition
dont l'un $C^{10}H^{16}HCl$, cristallisé, est appelé *camphre artificiel*
à cause de son odeur qui rappelle celle du camphre.

131. Usages. — L'essence de térébenthine est très employée comme dissolvant, pour former les vernis à l'essence, et dans la peinture sur porcelaine sous le nom d'essence grasse ; en médecine, elle est utilisée contre les névralgies et comme contrepoison du phosphore.

132. Les *essences végétales*, isomères du térébenthène, s'extraient en distillant avec de l'eau les parties des végétaux qui les renferment ; à 100° la vapeur de ces corps a une tension faible, mais comme elle se condense en même temps que celle de l'eau, sa production est alors continue.

Ces essences ont une odeur vive, une saveur brûlante ; elles sont peu solubles dans l'eau, mais très solubles dans l'éther et l'alcool ; on les emploie en parfumerie, pour la fabrication des eaux de toilette comme l'eau de Cologne.

Hydrocarbures aromatiques, Benzine
ou Benzène, C^6H^6.

133. Propriétés physiques. — La benzine a été découverte par Faraday en 1825 dans la décomposition pyrogénée des huiles. C'est un liquide incolore, très mobile, d'une odeur forte, de densité 0,85 ; elle se solidifie vers 0° en une masse cristalline qui fond ensuite à 4°,5 ; elle bout à 80°,4. Très peu soluble dans l'eau, elle se dissout dans l'alcool et l'éther ; elle dissout l'iode, le soufre, le phosphore, les corps gras, les résines, les essences, le caoutchouc, la gutta, la cire, le camphre, etc.

134. Propriétés chimiques. — Le benzène est très inflammable et brûle avec une flamme brillante, quoique fuligineuse.

Avec le *chlore*, par union directe à la lumière solaire, il donne un produit d'addition $C^6H^6Cl^6$; mais il peut aussi se comporter comme un carbure saturé, c'est-à-dire donner des produits de substitution ; ainsi par un courant de chlore à froid, en présence d'un peu d'iode, le benzène forme les produits C^6H^5Cl, $C^6H^4Cl^2$... C^6HCl^5, C^6Cl^6.

L'acide azotique fumant donne avec le benzène un produit de substitution, le nitrobenzène $C^6H^5.AzO^2$:

$$C^6H^6 + AzO^3H = C^6H^5.AzO^2 + H^2O.$$

135. Le *nitrobenzène* est un liquide jaunâtre, insoluble dans l'eau, soluble dans l'alcool et l'éther, toxique, et que son odeur d'amandes amères fait employer, sous le nom d'*essence de mirbane*, dans la parfumerie grossière. Il sert surtout à préparer l'aniline, base de toute une série de matières colorantes.

136. Préparation. — Le benzène, que l'on trouve dans les produits de distillation du pétrole, s'extrait surtout des *goudrons de houille*, c'est-à-dire des produits noirs, visqueux, odorants qui se dégagent pendant la décomposition pyrogénée de la houille, et qui se condensent à la température ordinaire. Les goudrons sont soumis à une distillation fractionnée, et les vapeurs qui se dégagent au-dessous de 150°, condensées, forment les *huiles légères*, contenant surtout du benzène avec des carbures supérieurs de la même série : toluène, xylène, des phénols et des amines. Ces huiles sont traitées par l'acide sulfurique qui enlève les amines, par la soude, qui les débarrasse des phénols, puis soumises à des distillations successives ; en recueillant ce qui passe entre 80 et 82°, on isole le benzène, que l'on achève de purifier en le faisant cristalliser et le séparant par compression de la partie restée liquide.

137. Usages. — Le benzène est très employé comme dissolvant, pour le dégraissage des étoffes et la préparation des vernis ; il est surtout transformé en nitrobenzène puis en aniline pour la fabrication de matières colorantes.

RÉSUMÉ DU CHAPITRE XI

Les *carbures d'hydrogène* sont des corps neutres, formés de carbone et d'hydrogène, qui proviennent surtout de la décomposition des matières organiques par la chaleur.

Ils sont décomposables par la chaleur, et combustibles.

Les *pétroles* sont des mélanges d'hydrocarbures saturés analogues au méthane ou au benzène. Le pétrole brut est très inflammable ; on en extrait des éthers de pétrole, l'essence de pétrole, l'huile de pétrole, les huiles lourdes, la paraffine, la vaseline et des goudrons.

L'*essence de térébenthine* est un liquide incolore, odorant, qui s'extrait de la résine des pins. Elle est employée comme dissolvant, en peinture, dans la fabrication des vernis, et en médecine.

Les *essences végétales* sont des isomères de l'essence de térében- thine qui ont une odeur variable suivant leur origine; on les em- ploie surtout en parfumerie.

La *benzine* est un liquide incolore, très volatil, très inflammable, que l'on extrait des goudrons de houille; elle sert de dissolvant, pour enlever les taches de graisse ; on l'emploie surtout à la prépa- ration du nitrobenzène et des couleurs d'aniline.

CHAPITRE XII

ALCOOL ET ÉTHERS

Alcool éthylique, C^2H^6O ou $C^2H^5 - OH$, ou *Éthanol*.

138. L'alcool du vin est un des corps les plus impor- tants de la chimie organique, non seulement à cause de ses applications et de ses dérivés, mais parce qu'il est le type de toute une classe de composés auxquels il a donné son nom.

Il se produit dans la fermentation de tous les liquides sucrés, et on connaît depuis très longtemps le moyen de le séparer par la distillation du vin, d'où le nom d'*esprit- de-vin* qu'on lui donne encore; sa découverte est attribuée aux arabes du moyen âge.

139. Propriétés physiques. — L'alcool est un liquide incolore, très mobile, d'une odeur agréable, d'une saveur brûlante; sa densité est 0,809 à 0°, et 0,792 à 20°, il est donc très dilatable. Il bout à 78°, et ne se solidifie qu'à — 130°.

Il se dissout dans l'eau en toutes proportions ; la dissolution se fait avec dégagement de chaleur et contraction, ce qui indique qu'il y a combinaison ; le maximum de contraction a lieu pour 52,3 vol. d'alcool et 47,7 d'eau, qui donnent 96 vol. correspondant à la composition

$$C^2H^6O + 3H^2O.$$

Son avidité pour l'eau explique sa causticité ; de plus il coagule l'albumine, et injecté dans les veines il peut amener la mort par arrêt de la circulation du sang.

L'alcool est, après l'eau, le dissolvant le plus employé ; il dissout la potasse, la soude, la plupart des acides minéraux et organiques, les chlorures, bromures, iodures, les azotates alcalins et alcalino-terreux ; l'iode, le phosphore, les corps gras, les essences, le camphre, les résines ; les gaz s'y dissolvent en général plus que dans l'eau.

140. Propriétés chimiques. — Les vapeurs d'alcool, en traversant un tube de porcelaine chauffé au rouge, se décomposent en eau, oxyde de carbone, hydrogène, et de nombreux hydrocarbures.

L'alcool brûle avec une flamme pâle en dégageant beaucoup de chaleur :

$$C^2H^5.OH + 6O = 2CO^2 + 3H^2O.$$

L'alcool s'oxyde au contact de l'air quand on le fait tomber goutte à goutte sur du noir de platine (*fig*. 29) ; il se forme de l'*aldéhyde* C^2H^4O, liquide incolore, très mobile, reconnaissable à son odeur suffocante, et de l'*acide acétique* $C^2H^4O^2$; il peut même se faire de l'éther acétique par la réaction de cet acide sur l'alcool.

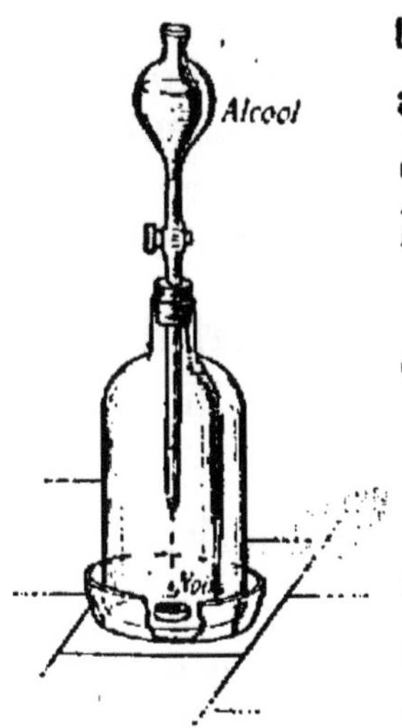

Fig. 29. — Oxydation de l'alcool par le noir de platine.

Si l'on fait passer un courant de *chlore* sur de l'alcool, il se produit des composés différents suivant la durée de l'opération ; le chlore agit d'abord comme un oxydant, en formant de l'aldéhyde :

$$C^2H^5.OH + 2Cl = C^2H^4O + 2HCl,$$

puis il se substitue à l'hydrogène dans l'aldéhyde, en donnant en particulier du *chloral* C^2HCl^3O, liquide incolore, d'une odeur pénétrante, très employé en médecine comme calmant:

$$C^2H^4O + 6Cl = 3HCl + C^2HCl^3O.$$

Le *sodium* et le *potassium* peuvent remplacer l'hydrogène de l'alcool, et former de l'alcool sodé ou éthylate de sodium (ou de K) qui cristallise ; un morceau de sodium jeté dans un verre contenant de l'alcool absolu tombe au fond du verre, puis s'entoure de bulles d'hydrogène qui le soulèvent et l'amènent peu à peu à la surface du liquide, où elles se dégagent :

$$C^2H^5.OH + Na = C^2H^5.ONa + H.$$

Ces éthylates, au contact de l'eau, se décomposent en régénérant l'alcool :

$$C^2H^5ONa + H^2O = C^2H^5.OH + NaOH.$$

Si l'on fait passer de la vapeur d'alcool dans un tube de porcelaine, à haute température, sur de la *soude* contenue dans une nacelle, il y a oxydation de l'alcool, puis formation d'un sel avec l'acide qui s'est produit, et dégagement d'hydrogène :

$$C^2H^5.OH + KOH = C^2H^3KO^2, \text{ acétate de potassium} + 4H.$$

Les *acides* ont sur l'alcool une action caractéristique et très importante; ils forment les *éthers*, avec élimination d'eau :

$$C^2H^5.OH + HCl = H^2O + C^2H^5.Cl, \quad \text{éther chlorhydrique.}$$

141. Préparation. — On extrait l'alcool par distillation des liquides fermentés, provenant soit de fruits sucrés comme le vin, le cidre, soit des mélasses, qui sont les derniers résidus de la cristallisation du sucre extrait du jus de la betterave ou de la canne, soit de la transformation en glucose de l'amidon et des fécules; ces fermentations seront étudiées plus loin (226).

Les alcools bruts ainsi obtenus portent le nom de *flegmes*.

Ces flegmes sont très impurs et ne peuvent servir à aucun usage; il faut donc les raffiner par distillation fractionnée; cette opération se fait, le plus souvent, dans des établissements spéciaux appelés raffineries d'alcool.

Pour obtenir l'*alcool absolu* ou alcool anhydre, on éteint de la chaux vive dans l'alcool rectifié, puis on enlève les dernières traces d'eau par de la baryte anhydre, en distillant encore après chaque opération.

142. Synthèse. — M. Berthelot a fait le premier la synthèse de l'alcool en partant de l'éthylène : on agite pendant très longtemps ce gaz avec de l'acide sulfurique concentré ; il se forme du sulfate acide d'éthyle $SO^4H.C^2H^5$ qui, distillé avec de l'eau, donne de l'acide sulfurique et de l'alcool :

$$SO^4H.C^2H^5 + H^2O = SO^4H^2 + C^2H^5.OH.$$

143. Usages. — L'alcool est employé comme dissolvant, dans l'industrie pour préparer les vernis, en parfumerie pour dissoudre les essences, en pharmacie pour faire les teintures et les alcoolats; on s'en sert dans la préparation des éthers, du collodion, des couleurs artificielles ; on en fait des thermomètres pour l'étude des basses températures ; on l'emploie comme combustible à cause de la chaleur qu'il dégage en brûlant.

L'alcool rectifié ou alcool bon goût s'emploie pour le vinage des vins, la préparation des liqueurs, et pour conserver les fruits.

L'alcool étendu est très employé sous forme de boissons fermentées (vin, bière), d'eau-de-vie, de liqueurs. L'abus des liquides alcooliques impurs produit de graves désordres digestifs et circulatoires, et conduit à la folie et aux maladies nerveuses.

L'alcool ne s'emploie que rectifié pour les usages domestiques et industriels; mais l'alcool destiné à la consommation et à la préparation des liqueurs, des médicaments, des conserves, est frappé d'un droit très élevé (156^f,20 par hectolitre à 100° Gay-Lussac), qui ne permettrait pas l'emploi de ce liquide dans l'industrie. Aussi le droit est-il réduit à 40^f par hectolitre à 100° pour les quantités authentiquement mises en œuvre pour les usages industriels. Afin d'éviter que ces alcools dégrevés ne soient détournés et vendus en fraude pour la consommation, le fisc exige leur dénaturation par un mélange d'alcool méthylique, d'acétone, d'huile lourde et de vert méthyle. On étudie actuellement un nouveau dégrèvement de manière à permettre le large emploi de l'alcool pour la production de la lumière (lampes à alcool à bec Auer et autres), pour actionner des moteurs fondés sur le même principe que ceux qui marchent au gaz et au pétrole, et pour toutes les autres applications.

Éthers.

144. Éthers-sels. — On désigne sous le nom d'éthers-sels les corps résultant de l'action des acides sur les alcools avec élimination d'eau; l'acide chlorhydrique, l'acide azotique donnent chacun un seul éther,

$$C^2H^5.Cl, \qquad C^2H^5.AzO^3.$$

L'acide sulfurique SO^4H^2 peut former avec l'alcool deux éthers : l'un $SO^4H.C^2H^5$, l'autre $SO^4(C^2H^5)^2$; le premier est dit éther acide, le second éther neutre.

La réaction des acides avec l'alcool est donc comparable à celle des acides sur les hydrates alcalins, et les éthers sont analogues aux sels.

On peut rendre analogues les formules des réactions, en

regardant l'alcool $C^2H^5.OH$ comme l'hydrate du radical C^2H^5 ou *éthyle*. L'alcool est donc l'hydrate d'éthyle $C^2H^5.OH$ comparable à $K.OH$, et les éthers seront appelés :

$C^2H^5.Cl$, chlorure d'éthyle,   analogue à $K.Cl$;

$AzO^3.C^2H^5$, azotate d'éthyle,   » AzO^3K ;

$SO^4H.C^2H^5$, sulfate acide d'éthyle,   » $SO^4H.K$;

$SO^4(C^2H^5)^2$, sulfate neutre d'éthyle,   » SO^4K^2, etc.

Cette action des acides sur l'alcool est caractérisée par deux faits tout à fait différents de ce qu'on observe lorsqu'on met un acide au contact d'une base. Dans ce cas, en effet, on sait que la combinaison est à la fois *instantanée* et *complète.*

Lorsqu'on fait agir un acide sur l'alcool, l'action qui commence tout de suite, 1° s'exerce sur des quantités de matières qui augmentent avec le temps ; 2° elle n'est jamais complète, il y a une limite à l'éthérification. Ainsi sur 100 molécules d'acide acétique mises en contact avec 100 molécules d'alcool, à la température ordinaire, il y en a une combinée au bout d'un jour, 6 au bout d'une semaine, et la réaction n'a son terme qu'au bout de 3 ou 4 ans de contact : alors $66^{mol},5$ se sont combinées. A 100°, cette même limite serait atteinte en 150 heures.

La propriété de donner des éthers avec les acides caractérise la fonction alcoolique ; et la formule d'un alcool pourra toujours se ramener à la forme $R.OH$, R étant un radical hydrocarburé jouant le rôle d'un métal alcalin.

145. Propriétés caractéristiques des éthers. — Les éthers sont le plus souvent liquides, et ne cristallisent pas. L'*eau* tend à décomposer les éthers, surtout quand la température s'élève, et régénère l'alcool et l'acide (synthèse de l'alcool) :

$$SO^4H.C^2H^5 + H^2O = SO^4H^2 + C^2H^5.OH.$$

Aussi la formation des éthers est-elle limitée par la réaction inverse, et ne peut-on conserver les éthers qu'en les déshydratant avec soin.

Les *hydrates alcalins*, comme la potasse, agissent comme l'eau, mais la base sature l'acide à mesure qu'il est séparé, et la réaction est complète, bien qu'elle ne se produise qu'avec le temps :

$$AzO^3.C^2H^5 + KOH = C^2H^5.OH + AzO^3K.$$
azotate d'éthyle   alcool azotate
de potassium

Cette réaction a été appelée *saponification*, parce qu'elle est analogue à celle qui se produit dans la préparation des savons.

146. Préparation des éthers. — On prépare les éthers en chauffant l'acide avec l'alcool; mais le plus souvent au lieu d'employer directement l'acide on chauffe l'alcool avec un mélange d'acide sulfurique et d'un sel alcalin de l'acide; l'acide sulfurique met l'autre acide en liberté, et de plus il absorbe l'eau à mesure qu'elle est éliminée par la formation de l'éther, ce qui empêche cette eau de produire la réaction inverse et de décomposer partiellement l'éther.

147. Principaux éthers de l'alcool éthylique. — L'*éther chlorhydrique* ou chlorure d'éthyle C^2H^5Cl est un liquide incolore, d'une odeur légèrement alliacée, qui brûle avec une flamme verdâtre. Il est employé comme anesthésique.

L'*éther acétique* ou acétate d'éthyle $C^2H^3(C^2H^5)O^2$ est un liquide incolore, d'une odeur agréable, qui existe dans le vin et le vinaigre. Il dissout les résines et le coton-poudre et sert dans la préparation du celluloïd.

148. Éthers-oxydes. — Si l'on déshydrate les alcools, on obtient des corps analogues aux oxydes provenant de la déshydratation des hydrates alcalins ; on leur donne le nom d'*éthers-oxydes*; ainsi à l'alcool éthylique correspond l'oxyde d'éthyle ou éther éthylique :

$$2C^2H^5.OH = H^2O + (C^2H^5)^2O,$$

comme à la potasse correspond l'oxyde de potassium :

$$2KOH = H^2O + K^2O.$$

Éther éthylique, $(C^2H^5)^2O$.

149. Propriétés. — Cet oxyde d'éthyle, appelé vulgairement *éther des pharmacies* ou simplement *éther*, est un liquide incolore, très mobile, d'une odeur agréable, d'une saveur brûlante; sa densité est 0,736. Il bout à 35° ; aussi son évaporation très rapide à la température ordinaire le fait-elle employer comme réfrigérant. Il ne se solidifie qu'à très basse température.

Il se mêle difficilement à l'eau, dans laquelle il est peu soluble ; mais il est très soluble dans l'alcool.

Il dissout le brome, l'iode, le phosphore, les essences, les résines, les corps gras, etc.

Il brûle facilement avec une flamme très éclairante, et sa vapeur forme avec l'air un mélange détonant ; aussi ne faut-il se servir d'éther que loin de toute flamme.

150. Préparation de l'éther. — Pour l'obtenir *on fait agir l'acide sulfurique sur l'alcool vers* 140°. On verse peu à peu 100^{gr} d'acide sulfurique dans 70^{gr} d'alcool à 90° ; le mélange est chauffé au bain de sable dans un ballon, à une température qui ne dépasse pas 140°, et on fait couler dans le ballon un filet continu d'alcool, réglé de façon que la température reste constante (*fig.* 30).

Le mélange de l'alcool avec l'acide sulfurique a produit $SO^4H.C^2H^5$, sulfate acide d'éthyle, qui agit sur une deuxième molécule d'alcool et forme l'éther :

$$C^2H^5.OH + SO^4H^2 = H^2O + SO^4.H.C^2H^5$$

$$SO^4H.C^2H^5 + C^2H^5.OH = SO^4H^2 + \frac{C^2H^5}{C^2H^5} > O.$$

Les vapeurs qui se dégagent sont un mélange d'éther,

d'alcool et d'eau ; on les condense dans un réfrigérant et on
les recueille dans un ballon refroidi. On lave à l'eau le

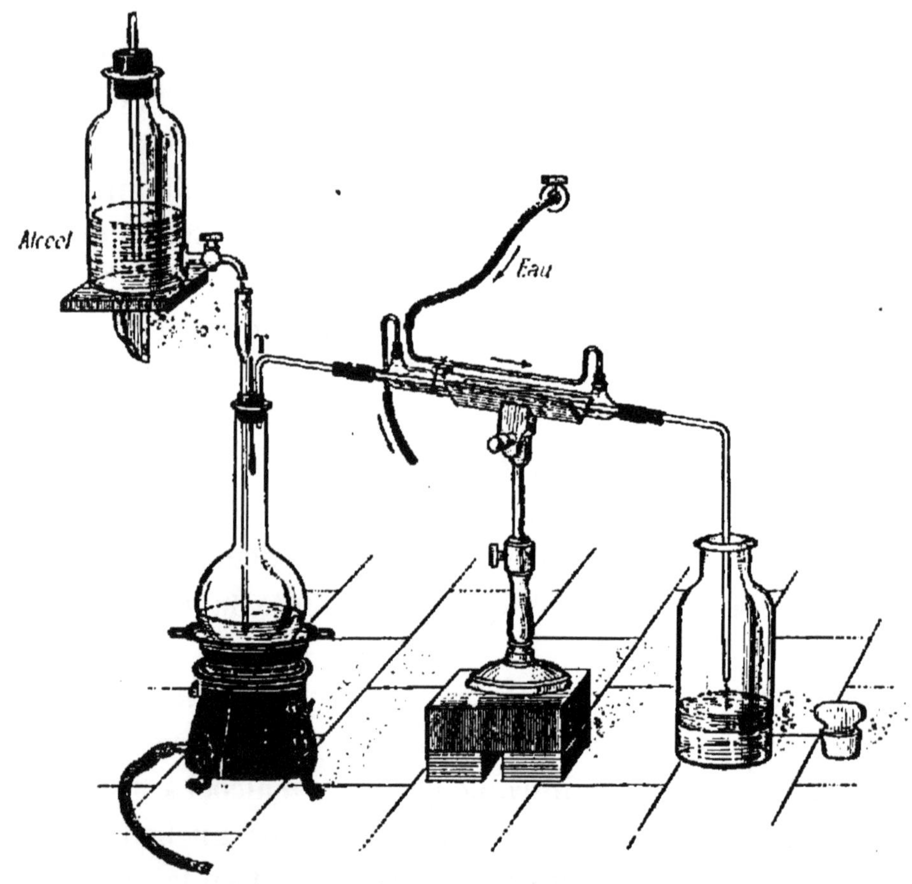

Fig. 30. — Préparation de l'éther ordinaire.

liquide obtenu pour enlever l'alcool, et on rectifie l'éther
qui surnage sur du chlorure de calcium.

151. Usages. — L'éther s'emploie comme dissolvant, en
chirurgie comme anesthésique, et en médecine comme
calmant ; il sert à préparer la soie artificielle, le collodion, le celluloïd, la mélinite, la poudre sans fumée et
d'autres explosifs de guerre.

RÉSUMÉ DU CHAPITRE XII

L'alcool éthylique ou alcool du vin se produit dans la fermentation des liquides sucrés; c'est un liquide incolore, d'une saveur brûlante; il bout à 78°; il se dissout dans l'eau avec dégagement de chaleur et contraction.

Il est caustique, et coagule l'albumine du sang. Il dissout un grand nombre de corps : iode, phosphore, corps gras, résines, etc. L'alcool brûle en dégageant beaucoup de chaleur; par oxydation, il forme de l'aldéhyde, puis de l'acide acétique. Avec les acides, il donne des éthers, avec élimination d'eau.

On extrait l'alcool des liquides fermentés, par distillation; et pour l'avoir anhydre, on le rectifie sur de la chaux vive et de la baryte. On emploie l'alcool en parfumerie, en pharmacie, dans la préparation des vernis, des éthers, pour le vinage des vins et la préparation des liqueurs. L'alcool mauvais goût est utilisé comme dissolvant et comme combustible.

Les *éthers-sels* résultent de l'action des acides sur l'alcool, avec élimination d'eau; ils sont comparables aux sels alcalins, mais l'éthérification n'est jamais instantanée, ni complète, l'eau tendant à décomposer les éthers en acide et alcool.

Les hydrates alcalins décomposent aussi les éthers (saponification).

Les *éthers-oxydes* résultent de la déshydratation des alcools; ils sont comparables aux oxydes alcalins.

Le plus important est *l'éther éthylique* ou éther des pharmacies, liquide incolore, ayant une odeur forte, très volatil et très inflammable. On le prépare en chauffant vers 140° un mélange d'acide sulfurique et d'alcool. Il est utilisé comme dissolvant et comme anesthésique.

CHAPITRE XIII

ACIDE ACÉTIQUE. ACIDE OXALIQUE

Acide acétique, $C^2H^4O^2$,
ou *Acide éthanoïque.*

152. L'acide acétique résulte de l'oxydation de l'alcool éthylique; c'est le principe actif du vinaigre; il a toutes les propriétés caractéristiques des acides minéraux, et c'est le plus anciennement connu des acides organiques. Il existe dans beaucoup de végétaux, à l'état d'acétates de sodium, de potassium ou de calcium.

153. Propriétés. — C'est un liquide incolore, d'une odeur piquante, de densité 1,08; il cristallise par refroidissement, et ces cristaux ne fondent plus qu'à 17°; il bout à 118°; il se mêle à l'eau et à l'alcool en toutes proportions.

Au rouge, il se décompose en gaz carbonique et méthane :

$$C^2H^4O^2 = CO^2 + CH^4.$$

Sa vapeur brûle avec une flamme bleue. Il est très corrosif.

Par un courant de chlore sur l'acide bouillant, on obtient les produits de substitution $C^2H^3ClO^2$, $C^2H^2Cl^2O^2$, et par le chlore gazeux sur l'acide au soleil $C^2HCl^3O^2$; il reste donc, sur les 4 atomes d'hydrogène, un atome non remplaçable par le chlore, mais qui l'est par un métal puisqu'on peut faire $C^2Cl^3O^2K$, trichloracétate de potassium. On en conclut que la formule de l'acide acétique peut se mettre sous la forme

$$CH^3 - CO.OH,$$

et ce groupe CO.OH (*carboxyle*) dont l'hydrogène est remplaçable par un atome d'un métal monovalent, ou par un radical alcoolique, est caractéristique de la fonction acide.

154. Préparation industrielle. — On peut obtenir l'acide acétique en chauffant le bois en vase clos, dans des cornues en tôle de fer communiquant avec un réfrigérant tubulaire refroidi par un courant d'eau (*fig.* 31).

Il reste dans les cornues du charbon de bois, et il se dégage de l'eau, des goudrons, de l'acide acétique, de l'esprit de bois, des acétones, que l'on condense, et des gaz combustibles que l'on conduit dans le foyer pour les brûler.

100^{kg} de bois fournissent par la distillation :

$$23^{kg} \quad \text{de gaz,}$$
$$40 \quad \text{d'eau,}$$
$$7 \quad \text{d'acide acétique,}$$
$$2 \quad \text{d'alcool méthylique,}$$
$$3 \quad \text{de goudrons,}$$
$$25 \text{ à } 27 \quad \text{de charbon.}$$

TOTAL. 100

On distille avec de la chaux les eaux acides séparées des goudrons ; l'esprit de bois se dégage, et il se fait de l'acétate de calcium impur que l'on mélange à du sulfate de sodium ;

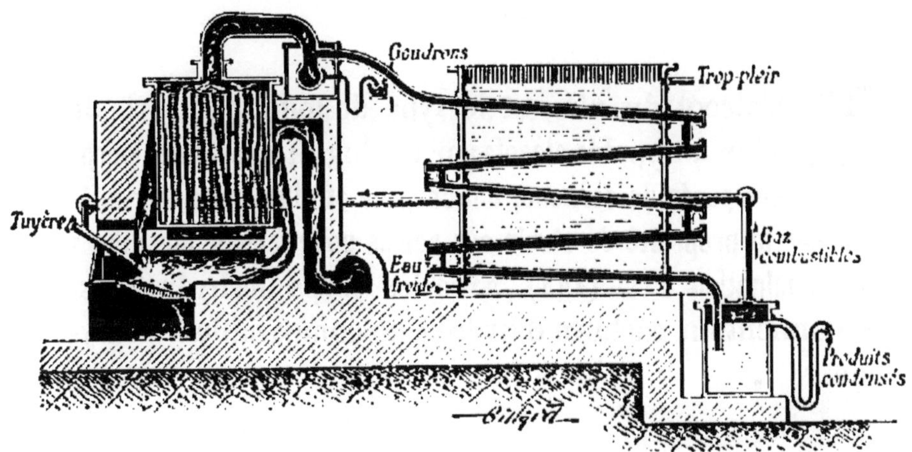

Fig. 31. — Carbonisation du bois en vase clos.

du sulfate de calcium se dépose, on décante la solution d'acétate de sodium et on la fait cristalliser. On porte ces cristaux à 250° pour décomposer les goudrons qu'ils avaient entraînés, puis on chauffe avec de l'acide sulfurique ; l'acide acétique distille :

$$C^2H^3NaO^2 + SO^4H^2 = SO^4HNa + C^2H^4O^2.$$

L'acide ainsi obtenu porte le nom d'*acide pyroligneux*.

155. Préparation par le vinaigre. — On peut encore extraire l'acide acétique, par distillation, du vinaigre, qui s'obtient lui-même par l'oxydation de l'alcool du vin sous l'influence d'un ferment (235).

156. Usages. — L'acide acétique est surtout utilisé à l'état de vinaigre; il est employé dans les laboratoires, en photographie, en pharmacie, en teinture; il sert à préparer la céruse, les acétates, dont les principaux sont *l'acétate de cuivre* ou verdet, utilisé en teinture, et *l'acétate neutre de plomb* ou sel de Saturne, employé en solution mélangée d'alcool sous le nom d'extrait de Saturne.

Alcools.

157. L'alcool du vin est le type de toute une série de corps, qu'on a appelés alcools par analogie; ce sont des corps neutres, composés de carbone, d'hydrogène et d'oxygène, caractérisés par la propriété de s'unir aux acides pour former des éthers avec élimination d'eau (144). Avec les corps déshydratants, ils donnent un carbure d'hydrogène comparable à l'éthylène.

158. Alcools monoatomiques. — Quand un alcool ne renferme, comme l'alcool du vin, qu'une fois le groupe OH (oxhydrile), il est comparable aux hydrates alcalins, et ne peut donner avec chaque acide monovalent qu'un éther; on le désigne sous le nom d'alcool monoatomique ou monoalcool, et on peut le représenter par la formule générale : R—OH, R étant un radical monovalent.

On connaît aujourd'hui un grand nombre de monoalcools, soit qu'on les trouve dans des produits naturels, soit qu'on les ait obtenus par des procédés chimiques; et on les a groupés en séries analogues à celles des hydrocarbures, dont les formules, le point d'ébullition, la densité... varient régulièrement, et qui ont des propriétés chimiques analogues.

On les nomme en ajoutant la terminaison *ol* au nom de l'hydrocarbure dont ils dérivent par la substitution du groupe OH à un atome d'hydrogène.

159. Série grasse. — La série la plus importante est celle des alcools dérivant des *hydrocarbures saturés*, qu'on appelle *série éthylique*, du nom de l'alcool le mieux connu, ou série grasse, parce que les derniers de la série forment les acides contenus dans les corps gras. Leur formule générale est $C^nH^{2n+1}.OH$, et leurs propriétés se rapprochent beaucoup de celles de l'alcool du vin. Le premier est le *méthanol*, ou *alcool méthylique* $CH^3.OH$, connu vulgairement sous le nom d'*esprit de bois* parce qu'il s'obtient dans la distillation du bois. C'est un liquide incolore, d'une odeur spiritueuse ; sa densité est 0,814 ; il bout à 66° ; il est très soluble dans l'eau. Il brûle avec une flamme pâle, et on l'emploie, au lieu d'alcool ordinaire, comme combustible et pour la préparation des vernis ; il sert surtout à la dénaturation de l'alcool.

En s'oxydant, il donne l'*acide méthanoïque* $H.CO^2H$, appelé *acide formique* parce qu'il a été découvert dans le corps des fourmis, liquide incolore d'une odeur piquante, qui se trouve aussi dans les poils des orties, et qui communique à ces poils leurs propriétés irritantes.

Le deuxième alcool de la série est l'*alcool éthylique* ou éthanol $C^2H^5.OH$, déjà étudié.

Puis viennent : le *propanol* ou *alcool propylique* $C^3H^7.OH$, liquide bouillant à 98°, soluble dans l'eau, qui se trouve dans les marcs de raisin ; il existe un isomère de ce corps appelé alcool isopropylique.

Les *butanols* ou *alcools butyliques*, $C^4H^9.OH$, etc.

160. Alcools polyatomiques. — On appelle alcools polyatomiques ou *polyalcools* des alcools dont la molécule renferme plusieurs oxhydriles et qui peuvent former avec un même monacide, autant d'éthers qu'ils contiennent de groupes OH ; ils se comportent donc comme la réunion de plusieurs monoalcools.

Le premier corps reconnu comme polyalcool est la *glycérine*, dont le rôle de *trialcool* a été établi par M. Berthelot en 1854.

On connaît aussi des *dialcools*, auxquels on a donné le nom de *glycols* pour rappeler leurs propriétés intermédiaires entre celles de l'alcool et de la glycérine. On a découvert des *tétralcools* et des *pentalcools*, mais qui n'ont pas d'importance pratique ; et les *hexalcools*, la *mannite* $C^6H^8(OH)^6$ et ses isomères, ne tirent d'intérêt que de leurs relations avec les glucoses, que l'on peut regarder comme leur aldéhyde. Les dérivés de tous ces alcools sont le plus souvent des corps à fonctions complexes, gardant encore des groupes OH, qui leur permettent de jouer le rôle d'alcool, en même temps que d'autres oxhydriles ont été remplacés par les groupes caractéristiques d'autres fonctions : ainsi les glucoses sont à la fois aldéhydes et pentalcools.

161. Glycol. — Le glycol $C^2H^4.(OH)^2$, découvert par Würtz en 1856, fond à 11° en un liquide incolore, inodore, soluble dans l'eau et l'alcool ; il peut donner par oxydation deux aldéhydes : $C^2H^3.OH.O$, jouant encore le rôle d'alcool, et $C^2.H^2.O^2$; et deux acides : $C^2H^3.OH.O^2$, encore alcool, et $C^2H^2O^4$, le seul qui ait un intérêt pratique, l'*acide oxalique*.

Acide oxalique, $C^2H^2O^4$.

162. Propriétés. — L'acide oxalique est solide, blanc, il cristallise avec 2 molécules d'eau : $C^2H^2O^4 + 2H^2O$; il a une saveur aigre et piquante ; il est soluble dans l'eau, surtout à chaud. C'est un poison violent à la dose de 8 à 10^{gr} ; on peut combattre ses effets en absorbant un peu de lait de chaux, parce que l'oxalate de calcium est insoluble.

Chauffé à 98° il fond dans son eau de cristallisation ; il perd cette eau à plus haute température, puis se volatilise en se décomposant partiellement en gaz carbonique, oxyde de carbone et eau :

$$C^2H^2O^4 = CO^2 + CO + H^2O.$$

Cette décomposition est complète quand on le chauffe avec de l'*acide sulfurique*, qui lui enlève de l'eau ; on emploie cette réaction pour préparer l'oxyde de carbone.

L'acide oxalique tend à prendre de l'oxygène pour se transformer en gaz carbonique ; c'est un *réducteur* énergique, il décompose l'acide azotique à chaud et réduit les sels d'or.

C'est un biacide, qui donne avec le potassium, par exemple, deux sels : C^2HKO^4 et $C^2K^2O^4$; il forme encore avec le potassium une combinaison appelée quadroxalate, qui peut être regardée comme ayant pour formule

$$C^2HKO^4 + C^2H^2O^4 + 4H^2O.$$

163. État naturel. Préparation. — L'acide oxalique existe dans un grand nombre de végétaux, soit libre (racines de rhubarbe, écorce de quinquina), soit à l'état de bioxalate et de quadroxalate de potassium (oseille, oxalide), d'oxalate de sodium (plantes marines), ou d'oxalate de calcium (certains lichens).

On l'a préparé pendant longtemps à l'aide de ces végétaux, surtout de l'oseille dont le jus, filtré et évaporé, laisse déposer des cristaux de bioxalate de potassium que l'on transforme en oxalate de plomb en le traitant par l'acétate de plomb. L'oxalate formé, décomposé par l'acide sulfurique à froid, ou l'acide sulfhydrique, donne un sulfate ou un sulfure de plomb insoluble, que l'on peut séparer de l'acide oxalique ; la liqueur est évaporée et l'acide cristallise.

On l'obtient encore *en oxydant le sucre ou l'amidon par l'acide azotique*, sous l'action de la chaleur.

Dans l'industrie, actuellement on le prépare en chauffant de la sciure de bois avec de la chaux sodée à 200°, sur des plaques de fonte ; il se fait de l'oxalate de sodium ; ce corps, traité par un lait de chaux, donne de l'oxalate de calcium insoluble que l'on décompose par l'acide sulfurique en sulfate de calcium insoluble et acide oxalique.

164. Usages. — L'acide oxalique est employé comme rongeant dans les fabriques d'indienne ; sa solution ou *eau de cuivre* sert pour nettoyer le cuivre et enlever les taches d'encre ; elle dissout le bleu de Prusse et forme alors l'encre bleue. En pharmacie, on fait avec l'acide oxalique des pastilles rafraîchissantes.

On emploie aussi pour décaper les métaux et enlever les taches d'encre et de rouille le *sel d'oseille*, mélange de bioxalate et de quadroxalate de potassium. L'acide oxalique et les oxalates solubles sont employés pour la purification des eaux calcaires destinées à l'alimentation des chaudières à vapeur, parce qu'ils forment avec les sels de calcium un précipité d'oxalate de calcium insoluble.

RÉSUMÉ DU CHAPITRE XIII

L'acide acétique $C^2H^4O^2$ résulte de l'oxydation de l'alcool ordinaire.

Il se trouve dans un grand nombre de végétaux à l'état d'acétates. Il a une odeur piquante et forme des cristaux qui fondent à 17°. Ses vapeurs sont combustibles ; il est décomposé par la chaleur. On le prépare en chauffant le bois en vase clos et séparant l'acide acétique obtenu des autres produits : esprit de bois, eau, goudrons, etc. qui se dégagent en même temps. On peut aussi l'extraire du vinaigre.

L'acide acétique est surtout employé à l'état de vinaigre ; il sert aussi en photographie, en teinture, dans la préparation de la céruse, etc.

Les *alcools* sont des corps neutres, composés de carbone, hydrogène et oxygène et qui forment des éthers en s'unissant aux acides, avec élimination d'eau.

Quand ils renferment plusieurs groupes OH, ils peuvent donner plusieurs éthers avec un monacide et sont dits polyalcools.

L'*acide oxalique* résulte de l'oxydation complète d'un dialcool, le glycol, c'est un biacide. Il est blanc, cristallisé, il a une saveur aigre ; c'est un poison violent. Chauffé, il se volatilise et se décompose partiellement ; la décomposition en gaz carbonique, oxyde de carbone et eau est complète en présence de l'acide sulfurique. L'acide oxalique est un réducteur.

On l'extrait des végétaux, où on le trouve à l'état d'oxalates ; on le prépare aussi en oxydant le sucre ou l'amidon par l'acide azotique. On emploie l'acide oxalique comme rongeant, pour enlever les taches d'encre, et en pharmacie.

CHAPITRE XIV

GLYCÉRINE. CORPS GRAS

Glycérine, $C^3H^5(OH)^3$.

165. État naturel. — La glycérine est un alcool triatomique, dont les éthers constituent les corps gras naturels. Elle existe assez fréquemment à l'état libre : dans l'huile de palme, le vin, les produits de la fermentation alcoolique ; mais elle se trouve surtout à l'état d'éthers des acides gras dans tous les corps gras, et c'est de là qu'elle a été extraite pour la première fois par Scheele en 1779.

166. Propriétés. — La glycérine est un liquide incolore, sirupeux, inodore, d'une saveur sucrée. Sa densité est 1,264. Elle cristallise en dessous de 0°, et ne fond ensuite qu'à 17°. Elle bout vers 280°, en se décomposant partiellement ; elle distille plus facilement dans le vide ; ses vapeurs brûlent avec une flamme claire. La glycérine se dissout dans l'eau et dans l'alcool, elle est peu soluble dans l'éther.

Sous l'action de la chaleur, la glycérine se déshydrate, puis se décompose, en donnant différents produits, parmi lesquels l'*acroléine* C^3H^4O, liquide d'une odeur âcre et suffocante, qui se forme quand on fait brûler des corps gras, et qui est l'aldéhyde de l'alcool allylique.

Par oxydation, la glycérine devrait fournir trois aldéhydes, dont un seul $C^3H^4(OH)^2O$ est connu ; elle donne aussi trois acides.

Ses dérivés les plus importants sont les éthers ; avec chaque monacide, elle donne trois éthers ; ainsi avec l'acide azotique on a :

$$C^3H^5.(OH)^3 + AzO^3H = H^2O + C^3H^5.(OH)^2O.AzO^2, \quad \text{qui}$$

est encore dialcool ;

$$C^3H^5.(OH)^3 + 2AzO^3H = 2H^2O + C^3H^5.OH.(O.AzO^2)^2,$$

éther dinitrique, et monoalcool ;

$$C^3H^5.(OH)^3 + 3AzO^3H = 3H^2O + C^3H^5.(O.AzO^2)^3, \quad \text{éther}$$

neutre, trinitrine ou *nitroglycérine*.

On obtient des réactions analogues avec les acides organiques ; avec l'acide oléique par exemple, on aura une monooléine, une dioléine, et une trioléine ; ce sont les éthers neutres qui sont les plus importants.

167. Préparation. — Les corps gras en présence d'une base se dédoublent, comme tous les éthers, en sel de la base et alcool ; *en chauffant de l'axonge ou de l'huile d'olive avec de l'eau et de l'oxyde de plomb* et agitant pendant tout le temps de la réaction, on obtient donc un sel des acides gras avec le plomb, sel insoluble employé en pharmacie sous le nom d'*emplâtre*, et de la glycérine ; on décante, on traite la partie liquide par un courant d'acide sulfhydrique pour précipiter l'oxyde de plomb dissous, et l'on évapore doucement pour séparer la glycérine de l'eau.

Aujourd'hui on obtient de grandes quantités de glycérine dans l'industrie comme produit secondaire de la fabrication des savons et des bougies.

168. Usages. — La glycérine est employée en médecine pour le pansement des plaies, dartres, engelures, pour les bandages, et au lieu d'huile, parce qu'elle ne rancit pas et qu'elle est soluble dans l'eau.

On s'en sert en parfumerie, et pour maintenir humides l'argile à modeler, les cuirs non tannés, la colle des tisserands, etc. ; enfin elle sert à la fabrication de la dynamite.

169. Nitroglycérine, $C^3H^5(AzO^3)^3$. — La nitroglycérine est un liquide huileux, jaunâtre, plus lourd que l'eau, insoluble dans l'eau, vénéneux.

Pour l'obtenir, on fait un mélange d'une partie d'acide sulfurique et une partie d'acide azotique ; d'autre part on mélange une partie de glycérine avec trois d'acide sulfurique ; les deux mélanges étant froids, on les ajoute l'un à l'autre, et la nitroglycérine est produite au bout de 24 heures.

Ce corps détone très violemment vers 200° ou sous l'influence d'un choc, et même spontanément, ce qui le rend très dangereux à manier. Il contient assez d'oxygène pour brûler complètement à l'abri de l'air, et donne lieu à un abondant dégagement de gaz, et à une température très élevée ; aussi a-t-il une force explosive considérable, et peut-il détoner même sous l'eau :

$$2C^3H^5(AzO^3)^3 = 6CO^2 + 6Az + 5H^2O + O.$$

On rend le maniement de la nitroglycérine moins dangereux en la mélangeant avec une poudre siliceuse impalpable, formée par les débris fossiles de petits infusoires, et qui l'absorbe en restant solide ; on obtient ainsi la *dynamite*, qui détone par l'action d'une capsule de fulminate ou très difficilement par le choc, et qui remplace la poudre dans les travaux de mine : elle est 13 fois plus forte à volume égal, et peut s'employer dans les roches fissurées ou sous l'eau ; elle sert aussi au chargement des torpilles.

Corps gras naturels.

170. Propriétés et usages. — On appelle corps gras naturels des corps neutres, plus légers que l'eau, onctueux au toucher, qui laissent sur le papier une tache translucide ne disparaissant pas quand on la chauffe; ils se décomposent quand on veut les distiller, et rancissent à l'air en s'oxydant peu à peu. Ils sont insolubles dans l'eau, solubles dans l'alcool, l'éther, la benzine, les essences.

On leur donne des noms différents suivant leur consistance à la température ordinaire : ceux qui sont liquides sont appelés *huiles*, les autres *graisses* et *suifs*.

Huiles. — Les huiles sont le plus souvent d'origine végétale; on les extrait en comprimant à froid, puis entre des plaques chauffées, les graines ou les fruits qui les contiennent : olives, amandes, noix, noisettes, faînes, graines de lin, de colza, etc. Quelques-unes sont d'origine animale, comme l'huile de poisson, l'huile de pied de bœuf.

Les huiles sont dites *siccatives* quand elles s'épaississent en s'oxydant et forment une sorte de vernis jaune, transparent, un peu élastique; on les utilise pour la préparation des vernis et des couleurs à l'huile; telles sont : les huiles de lin, de noix, de chènevis, d'œillette, de ricin. Ces huiles sèchent encore plus vite quand on les cuit avec de la litharge ou du bioxyde de manganèse; l'huile de lin avec la litharge sert à la fabrication des toiles cirées; cette même huile cuite avec de la litharge, puis mélangée à du liège en poudre, constitue le linoleum.

Les huiles *non siccatives* restent liquides à l'air, tout en absorbant de l'oxygène et dégageant du gaz carbonique; elles prennent une réaction acide, un goût et une odeur désagréables et se transforment en différents produits, parmi lesquels l'acide butyrique. Telles sont les huiles d'olive, d'amandes, de colza, de navette, de faine, de noisettes. L'huile d'olive bien pure, ou huile vierge, et l'huile d'œillette servent dans l'alimentation; celles de colza, de navette, servent surtout à l'éclairage ; toutes peuvent être employées à la fabrication des savons. Quelques-unes, comme celles de ricin, d'amandes douces, de croton, de foie de morue, sont employées en médecine.

Corps gras solides. — Les corps gras solides à la température ordinaire sont appelés beurres quand ils fondent entre 26° et 30°, graisses et suifs quand ils fondent entre 40° et 60°.

Ils sont d'origine animale : on obtient le *beurre de vache* par le battage du lait de vache non écrémé; il sert dans l'alimentation. Le *suif* est la graisse de bœuf ou de mouton, séparée par fusion des cellules du tissu qui la contient; le suif liquide, décanté et filtré, versé dans des moules métalliques cylindriques suivant l'axe desquels on a tendu une mèche de coton, forme les *chandelles*, employées autrefois pour l'éclairage. Le suif sert à préparer les acides gras et les bougies.

La graisse de porc ou *axonge* s'emploie dans l'alimentation, et dans la préparation de certaines pommades.

171. Constitution chimique des corps gras. — Si l'on fait l'analyse immédiate des corps gras, soit en les refroidissant et les comprimant ensuite, soit en les traitant par divers dissolvants, comme l'éther, on voit qu'ils sont formés par le mélange en proportions variables de plusieurs éthers neutres de la glycérine, dont les principaux sont l'*oléine*, la *stéarine*, la *margarine* et la *butyrine*. L'*oléine*, $C^3H^5(C^{18}H^{33}O^2)^3$, domine dans les huiles ; ainsi l'huile d'olive en contient 72°/₀ et 28 °/₀ de margarine ; quand on refroidit l'huile d'olive à 0°, la margarine se solidifie en perles blanches, et la partie restée liquide est de l'oléine presque pure. La *margarine* $C^3H^5(C^{16}H^{31}O^2)^3$ et la *stéarine* $C^3H^5(C^{18}H^{35}O^2)^3$ sont mélangées dans la plupart des corps gras, cette dernière dominant surtout dans le suif de mouton, et la margarine dans la graisse de porc.

Si l'on comprime du suif à 25°, on sépare l'oléine qui est liquide ; en traitant le résidu solide par l'éther à chaud et laissant refroidir, on sépare le mélange en margarine, soluble dans l'éther et fondant à 60°, et stéarine très peu soluble dans l'éther à froid, et fondant vers 70°. Les deux corps se présentent en petites lamelles cristallines, blanches.

La *butyrine* $C^3H^5(C^4H^7O^2)^3$ se trouve dans le beurre de vache, mélangée aux trois autres éthers ; c'est un liquide huileux, insoluble dans l'eau, soluble dans l'alcool et l'éther.

Tous ces corps se décomposent, sous l'influence de l'*eau*, à haute température, en glycérine et acide oléique, stéarique, margarique ou butyrique :

$$C^3H^5(C^{18}H^{35}O^2)^3 + 3H^2O = C^3H^5(OH)^3 + 3C^{18}H^{36}O^2.$$
stéarine.   acide stéarique.

La saponification est plus rapide en chauffant ces éthers avec un *alcali* qui reste uni à l'acide, ou avec un *acide* fort, qui déplace l'acide gras et le remplace dans l'éther.

172. Synthèse. — L'étude des corps gras a été magistralement faite par Chevreul ; leur synthèse a été réalisée par M. Berthelot. On emploie le procédé général de préparation des éthers ; on chauffe la glycérine avec les acides gras, par exemple avec l'acide stéarique ; la tristéarine obtenue est identique à la stéarine naturelle, et il en est de même pour les autres composés.

Savons.

173. Propriétés. — On donne le nom général de savons à des mélanges de sels des acides gras : margarique, stéarique et oléique ; les savons alcalins sont solubles dans l'eau, l'alcool et l'éther ; les autres sont insolubles.

Les acides décomposent les savons en formant un sel et mettant en liberté les acides gras (préparation des acides gras).

Les sels non alcalins décomposent les savons solubles en donnant un savon insoluble et un sel alcalin ; c'est pourquoi l'eau chargée de sels de calcium forme avec le savon ordinaire des grumeaux d'un savon calcaire.

L'eau décompose partiellement les savons en bimargarates, bioléates ou bistéarates avec séparation d'une partie de la potasse ou de la soude ; c'est pourquoi les savons peuvent servir au nettoyage : l'alcali séparé saponifie les matières grasses des corps à nettoyer et donne de la glycérine et un savon soluble.

174. Fabrication des savons. — Les savons employés aux usages domestiques sont à base de soude ou de potasse ; les premiers sont durs, les seconds sont mous, et un savon est d'autant plus dur qu'il est fait avec un acide gras moins fusible.

Pour préparer le savon dur, dit savon de Marseille, on fait bouillir dans de grandes chaudières en tôle de l'huile d'arachide, d'œillette, de palme, etc., de l'huile d'olive pour les savons fins, avec une lessive faible de soude, qui commence la saponification ; puis on soutire cette lessive, que l'on remplace par d'autres plus fortes ; on obtient ainsi un savon avec excès d'alcali, très soluble dans l'eau, qui vient se rassembler à la surface; c'est l'*empâtage*.

On ajoute ensuite des lessives chargées de sel marin : le savon, insoluble dans l'eau salée, se précipite (*relargage*).

On sépare le savon des lessives et de la glycérine, qu'on remplace par des lessives salées plus concentrées, et on fait bouillir (*coction*). La saponification s'achève, et le savon se contracte et se rassemble à la surface du liquide en une masse d'un bleu presque noir à cause des savons à base de fer et d'alumine provenant des impuretés de la soude, et qui y restent mélangés.

Pour obtenir du *savon blanc*, on délaye ce savon brut dans une lessive alcaline faible et chaude, qu'on laisse refroidir lentement; le savon de fer et d'alumine insoluble se dépose, et la pâte qui surnage est blanche, mais retient de 45 à 50 % d'eau.

Si l'on délaye le savon brut dans une petite quantité de lessive, et que l'on refroidisse rapidement, le savon de fer et d'alumine n'est pas complètement séparé du savon de soude, dans lequel il forme des veines bleuâtres irrégulières, et l'on obtient le *savon marbré*, qui est souvent préféré au savon blanc parce qu'il ne contient que 25 à 30 % d'eau.

On prépare les *savons mous* d'une manière analogue en saponifiant les huiles par la potasse; ils renferment toujours un excès d'alcali, de la glycérine et environ 50 % d'eau. Ils sont colorés en vert par du sulfate d'indigo, ou en noir par du tannin.

175. Usages. — Le savon blanc et le savon marbré servent au blanchissage; les savons de toilette se préparent avec des produits plus purs, et sont généralement plus alcalins et plus riches en eau que le savon ordinaire; on les parfume en les broyant avec une essence et on les colore par des couleurs d'aniline. Un bon savon doit se dissoudre dans l'alcool bouillant sans laisser plus de 1 °/₀ de résidu ; quant à la proportion d'eau contenue dans le savon, on peut la déterminer par la perte de poids du savon chauffé jusqu'à 110°.

Les savons mous servent au blanchissage des tissus grossiers, au dégraissage de la laine, etc.

On se sert d'un savon vert, à base de cuivre, insoluble, pour imprégner les bâches; il les rend imperméables et empêche le développement des moisissures.

Le savon de plomb constitue l'emplâtre simple des pharmaciens.

Bougies stéariques.

176. Propriétés. — Les bougies stéariques, inventées par Gay-Lussac et Chevreul, sont formées d'un mélange d'acides gras, surtout d'acide stéarique, coulé dans des moules dont l'axe est une mèche de coton tressée (*fig*. 32, A) et imprégnée d'acide borique. Elles ont sur les chandelles, presque complètement abandonnées aujourd'hui, l'avantage de ne pas rancir, d'être moins fusibles, et de donner une lumière plus forte et plus blanche; de plus la mèche se recourbe dans la flamme grâce au tressage et vient brûler à l'air au lieu de charbonner, et l'acide borique forme avec les cendres une sorte de verre fusible, de sorte que la bougie se mouche d'elle-même.

177. Fabrication. — Pour faire les bougies, on fond le suif dans de grandes chaudières, et on le saponifie soit par l'eau chauffée sous pression, ce qui donne les acides gras directement; soit plus facilement par de la chaux délayée dans l'eau. Il se fait de la glycérine, et un savon calcaire insoluble qui est pulvérisé, mis en suspension dans de l'eau additionnée d'acide sulfurique, et chauffé légèrement; du sulfate de calcium se dépose, et les acides gras surnagent; on les coule en pains, dans des moules où ils cristallisent. On soumet ces pains, enveloppés dans des serviettes en poils de chameau, à l'action d'une presse hydraulique, d'abord à froid, puis à 40° environ, pour les débarrasser aussi complètement que possible de l'acide oléique qu'ils contenaient. Il reste un mélange d'acide margarique et d'acide stéarique qui est purifié par plusieurs fusions et lavages à

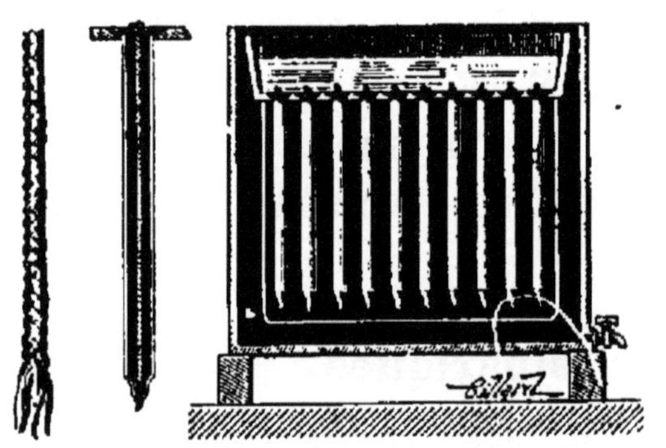

Fig. 32. — Fabrication des bougies stéariques.

l'eau bouillante, puis coulé dans les moules (*fig.* 32, B et C). Les bougies sont ensuite coupées mécaniquement à la longueur voulue, lustrées et polies par leur passage entre des cylindres entourés de feutre et marquées à chaud.

Les bougies supportent un droit de 30^f par 100^{kg} (0^f,15 par paquet de 500^{gr}).

RÉSUMÉ DU CHAPITRE XIV

La *glycérine* $C^3H^5(OH)^3$ est un trialcool dont les éthers constituent les corps gras naturels. Elle est sirupeuse, incolore, sucrée, soluble dans l'eau. Elle se décompose par la chaleur en donnant, entre autres produits, de l'acroléine. Avec chaque monacide, elle peut former trois éthers. On la prépare en chauffant de l'axonge ou de l'huile d'olive avec de l'eau et de l'oxyde de plomb. Dans l'industrie, on l'obtient comme produit secondaire de la fabrication des savons et des bougies. Elle est employée en médecine, en parfumerie, et dans la fabrication de la dynamite.

La nitroglycérine $C^3H^5(AzO^4)^3$ est l'éther triazotique de la glycérine ; c'est un liquide huileux, insoluble dans l'eau, vénéneux et très explosif. Mélangée avec une poudre siliceuse impalpable, elle forme la dynamite.

Les *corps gras* naturels sont des corps neutres, légers, onctueux, insolubles dans l'eau, qui tachent le papier. Les huiles sont liquides ; en s'oxydant, elles se transforment en une sorte de résine (huiles siccatives), ou restent liquides mais rancissent (huiles non siccatives). Elles servent dans l'alimentation, l'éclairage, la peinture, en médecine, et dans la fabrication des savons. Les corps gras solides sont : le beurre de vache et la graisse de porc, qui servent dans l'alimentation ; le suif de bœuf et de mouton, qui sert à faire les chandelles et à préparer les acides gras et les bougies.

Tous ces corps gras sont des mélanges, en proportions variables, d'oléine liquide (éther trioléique de la glycérine), de margarine (éther trimargarique), de stéarine (éther tristéarique) et de butyrine (éther tributyrique). On peut les saponifier par l'eau, les alcalis ou l'acide sulfurique.

Les *savons* sont des sels des acides margarique, stéarique et oléique ; les savons alcalins sont seuls solubles : les savons à base de soude sont durs, ceux à base de potasse sont mous. Pour préparer le savon dur, on saponifie des huiles par des lessives de soude ; on précipite le savon formé par l'eau salée, on le cuit avec des lessives salées plus concentrées pour achever la saponification, et on le coule.

Les marbrures sont dues à un savon à base de fer qui se dépose pendant le refroidissement rapide du savon.

Les savons servent au blanchissage et à la toilette.

Les *bougies* sont formées surtout d'acide stéarique ; elles sont moins fusibles que les chandelles, ne rancissent pas et éclairent mieux. Pour fabriquer les bougies, on saponifie le suif par la chaux, on décompose par l'acide sulfurique les sels de calcium formés, et on sépare l'acide oléique des autres acides par compression.

Les acides gras obtenus sont coulés dans des moules dont l'axe est une mèche de coton tressée et imprégnée d'acide borique.

CHAPITRE XV

GLUCOSE. SUCRE. AMIDON. CELLULOSE

Hydrates de carbone.

178. On rassemble sous le nom d'hydrates de carbone un grand nombre de composés organiques naturels formés de carbone uni à de l'hydrogène et de l'oxygène en même proportion que dans l'eau. Tous ces corps : le glucose, le sucre de canne, l'amidon, ont des propriétés physiques et chimiques analogues ; leur molécule contient toujours 6 atomes de carbone ou un multiple de 6, unis à 5 ou 6 H^2O ou un multiple de 5 ou 6. Ils sont neutres, généralement sucrés ou doux, solubles dans l'eau, insolubles dans l'alcool, non volatils ; et ils ont les propriétés de polyalcools.

179. Glucoses. — On peut regarder les glucoses $C^6H^{12}O^6$ comme les aldéhydes des hexalcools : ils sont réducteurs, et avec l'hydrogène peuvent reformer ces alcools ; ils sont en outre pentalcools et peuvent donner des éthers et des acides. Ils fermentent directement sous l'action de la levûre de bière en donnant de l'alcool et du gaz carbonique. Les principaux sont : le *glucose* proprement dit ou sucre d'amidon, le *fructose* ou sucre de fruits, et le *galactose* ou glucose du lait.

Glucose.

180. État naturel. — Le glucose existe dans les raisins secs, il forme des efflorescences blanches à la surface des fruits secs : pruneaux, figues; on le trouve encore dans le miel, dans le corps des animaux, et c'est la matière sucrée contenue dans l'urine des diabétiques.

181. Propriétés. — Le glucose est solide, blanc jaunâtre, inodore, d'une saveur sucrée deux fois et demie moins forte que celle du sucre de canne; il est soluble dans l'eau et beaucoup moins dans l'alcool. Ses cristaux correspondent à la formule $C^6H^{12}O^6 + H^2O$, ils se ramollissent à 60°, fondent ensuite et perdent leur eau de cristallisation à 100°; à 180° ils perdent encore une molécule d'eau, et à une température plus élevée, donnent du *caramel*, puis du charbon et de l'eau.

L'*acide azotique* étendu et bouillant oxyde le glucose et le transforme en acide oxalique $C^2H^2O^4$.

Le glucose se combine avec quelques *bases* fortes, comme la chaux et la baryte, en donnant des glucosates, analogues aux alcoolates et très altérables; au contact des alcalis, comme la *potasse*, le glucose se décompose et brunit, et cette réaction permet de reconnaître la présence du glucose dans la cassonade ou les produits commerciaux sucrés.

Le glucose réduit un grand nombre de *sels métalliques*, surtout de cuivre, d'argent, de mercure et d'or, à l'ébullition et en présence des alcalis; avec les sels de cuivre, on obtient ainsi un précipité jaune rouge d'oxyde cuivreux Cu^2O qui est caractéristique, et qui sert à déceler la présence du glucose et à le doser.

Avec les sels d'argent, en présence de l'ammoniaque, on obtient un dépôt d'argent très brillant, et on peut utiliser cette propriété pour argenter le verre, les miroirs de télescope.

Le glucose peut donner avec les *acides*, surtout les acides organiques, de véritables éthers ou glucosides, dont quelques-uns existent dans les fruits acides, et qui se dédoublent très facilement en acide et glucose.

182. Préparation. — On peut extraire le glucose du jus de raisin, décoloré par du noir animal et concentré, qui le laisse déposer en masses cristallines ; ou du miel en le traitant par l'alcool froid qui dissout le lévulose auquel le glucose était mélangé.

Dans l'industrie, *on prépare le glucose au moyen de la fécule de pomme de terre, ou de l'amidon,* qui n'en diffère que par de l'eau en moins. Ces corps se transforment en glucose, soit sous l'action d'un ferment appelé *diastase* qui existe dans l'orge germée, soit quand on les fait bouillir avec de l'*acide sulfurique* très étendu. Quand le liquide froid ne se colore plus en violet par l'iode et ne précipite plus par l'alcool concentré, la réaction est finie. On sature alors l'acide sulfurique par de la craie ; du sulfate de calcium se dépose ; on décante le liquide, on le décolore sur du noir animal, et on le fait évaporer jusqu'à 30° Baumé. On obtient le *sirop de fécule,* employé directement par les brasseurs et les confiseurs, et qui abandonné à lui-même dans des tonneaux laisse déposer de petits cristaux de *glucose granulé.*

Si l'on concentre jusqu'à 34° Baumé, le liquide se prend en masse par le refroidissement, c'est alors le *glucose en masse.*

183. Usages. — Le glucose est très employé dans l'industrie pour remplacer le sucre dans la fabrication des sirops, des confitures, des fruits confits, du pain d'épices ; il sert à falsifier le miel et la cassonade, à améliorer les vins faits avec des raisins insuffisamment sucrés, et dans la préparation de la bière.

184. Fructose. — Le fructose ou lévulose se trouve mélangé au glucose dans le miel et la plupart des fruits, sucrés ou acides. Il est le plus souvent liquide, car il cristallise difficilement, en fines aiguilles soyeuses. Il est plus sucré que le glucose, plus soluble dans l'alcool froid ; mais ses propriétés chimiques sont analogues à celles du glucose.

185. Saccharoses. — Le sucre de canne ou sucre ordinaire diffère du glucose en ce qu'il n'agit ni sur la potasse ni sur les sels de cuivre, et qu'il ne fermente que difficilement, et seulement après avoir été transformé en un mélange de glucose et de lévulose appelé *sucre interverti*.

On peut le regarder comme un anhydride de deux glucoses :

$$C^{12}H^{22}O^{11} + H^2O = C^6H^{12}O^6 \text{ glucose} + C^6H^{12}O^6 \text{ lévulose.}$$

Il est le type des *saccharoses*, qui renferment un certain nombre de matières sucrées provenant des végétaux ou des animaux, comme le *lactose* ou sucre de lait.

Sucre de canne, $C^{12}H^{22}O^{11}$,
ou *Sucre ordinaire.*

186. État naturel. — Le sucre ordinaire existe tout formé dans la canne à sucre, la betterave, et en moins grande quantité dans le maïs, le sorgho, la sève du bouleau et de l'érable, la carotte, et un grand nombre de fruits : abricots, pêches, prunes, citrouille... Il est connu depuis la plus haute antiquité dans l'Inde, dont la canne à sucre est originaire ; mais on ne l'a fabriqué en Europe qu'après que Margraf l'eut découvert dans la betterave, en 1747.

187. Propriétés physiques. — Le sucre est solide, blanc, cristallisé ; on peut l'obtenir en gros cristaux ou *sucre candi* en concentrant le sirop, ou dissolution de sucre dans l'eau, jusqu'à 40° Baumé, et en l'évaporant lentement à 30° ; le sucre cristallise autour de ficelles tendues dans les bassines où on le refroidit. Ces cristaux sont très durs, leur cassure est phosphorescente.

La densité du sucre est 1,6. Il est soluble dans la moitié de son poids d'eau froide, dans un cinquième à 100° ; il est insoluble dans l'éther et l'alcool pur froid. Il fond à 160°, et se prend par refroidissement en une masse vitreuse, le *sucre d'orge*, qui perd peu à peu sa transparence en cristallisant.

188. Propriétés chimiques. — Vers 200° le sucre se transforme en *caramel*, brun ; puis il perd de l'eau et se décompose complètement en laissant comme résidu du charbon volumineux, poreux et très pur. Avec les *bases* fortes comme la chaux, le sucre donne des sucrates.

Avec l'*acide azotique*, il s'oxyde et donne, à l'ébullition, de l'acide oxalique.

Les acides minéraux étendus transforment rapidement le sucre à l'ébullition, en sucre interverti, mélange de glucose et de lévulose, résultant de l'hydratation du sucre :

$$C^{12}H^{22}O^{11} + H^2O = C^6H^{12}O^6 + C^6H^{12}O^6.$$

Les acides organiques ont la même action, mais ils n'agissent que très lentement à la température ordinaire. La même réaction peut être produite par l'action prolongée de la chaleur, ou par l'*invertine*, ferment soluble contenu dans la levûre de bière.

189. Extraction. — 1° de la canne à sucre. — Les tiges de la canne à sucre contiennent de 14 à 20 % de sucre ; on les écrase entre de gros cylindres métalliques, qui tournent en sens inverse (*fig.* 33) ; la partie ligneuse, solide, ou *bagasse* est employée comme combustible. On chauffe le jus sucré ou *vesou* avec un peu de chaux éteinte qui se

combine avec les matières albuminoïdes et colorantes du
jus et forme une écume épaisse à la surface (*défécation*).
Ensuite on filtre le jus, on le décolore sur du noir animal;
puis on l'évapore dans des chaudières où l'on peut raréfier
l'air, de façon à obtenir une évaporation rapide sans
élever beaucoup la température, ce qui amènerait la transformation du sucre en sucre interverti et lui ferait perdre
une partie de ses propriétés sucrantes ; cette opération

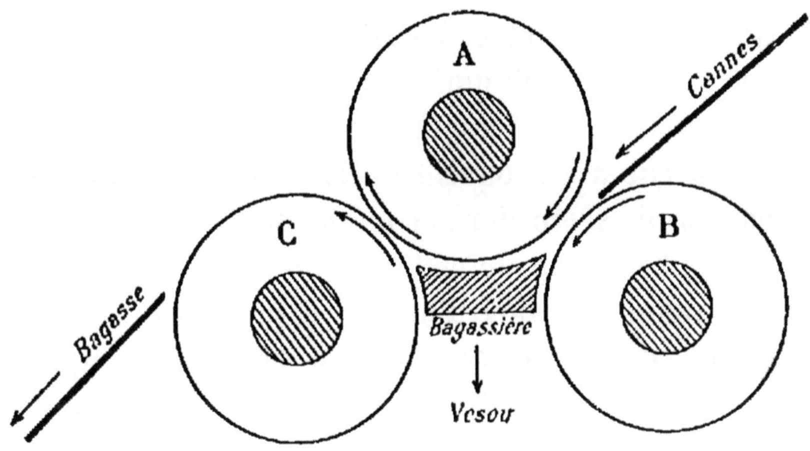

Fig. 33. — Disposition schématique d'un moulin à cannes à sucre.

porte le nom de *cuite*. Quand de petits cristaux se forment
dans le liquide, on le fait écouler dans des cristallisoirs en
tôle de fer, où la matière cuite se refroidit et se prend en
masse : c'est alors la *cassonade* ; on égoutte et on essore
ces cristaux. En concentrant les eaux-mères colorées qui
restent, on obtient des sucres de 2e et de 3e jet, moins
purs et moins blancs.

Quand le liquide ne peut plus cristalliser, même après
avoir été concentré à 40 ou 45° Baumé, il constitue la
mélasse, qui renferme encore 47 % de sucre immobilisé
par des glucoses, des sels, et des matières organiques naturelles ou dues à l'altération du sucre par la chaleur; on

peut se servir directement de la mélasse pour sucrer, mais on la fait le plus souvent fermenter, et sa distillation produit le *rhum* et le *tafia*.

2° Extraction du sucre de betterave. — La variété de betterave la plus estimée est celle dite de Silésie, qui contient de 10 à 16 % de son poids de sucre. Autrefois on soumettait les racines de betterave, débarrassées des pierres et lavées soigneusement, à l'action de râpes mécaniques, qui les réduisaient en *pulpe*. Cette pulpe, additionnée d'eau, était comprimée dans des sacs de laine, à l'aide d'une presse hydraulique, pour en extraire le jus sucré ; les résidus servaient à engraisser les bestiaux.

Ce procédé a l'inconvénient de laisser une assez forte proportion de sucre dans la pulpe, et de fournir un jus contenant beaucoup de matières solides en suspension.

On le remplace aujourd'hui par le procédé dit de *diffusion*, qui consiste à soumettre la betterave coupée en lanières ou *cossettes*, à un lavage méthodique par l'eau chaude. L'eau entraine le sucre et les sels solubles, tandis que les substances albuminoïdes et les gommes, qui ne traversent pas sensiblement les membranes, restent dans les cellules ; et comme le sucre traverse les membranes plus rapidement que les sels, le liquide obtenu est plus pur que celui qui se trouve dans les cellules. Le jus obtenu est verdâtre et contient des sels, des matières albuminoïdes, des matières colorantes ; il fermenterait rapidement et ne pourrait cristalliser.

On ajoute au jus de la chaux et l'on chauffe en même temps qu'on y fait passer un courant de gaz carbonique ; les matières albuminoïdes se coagulent, les matières colorantes forment avec la chaux des produits insolubles et le sucrate de calcium insoluble dans l'eau, qui s'était pro-

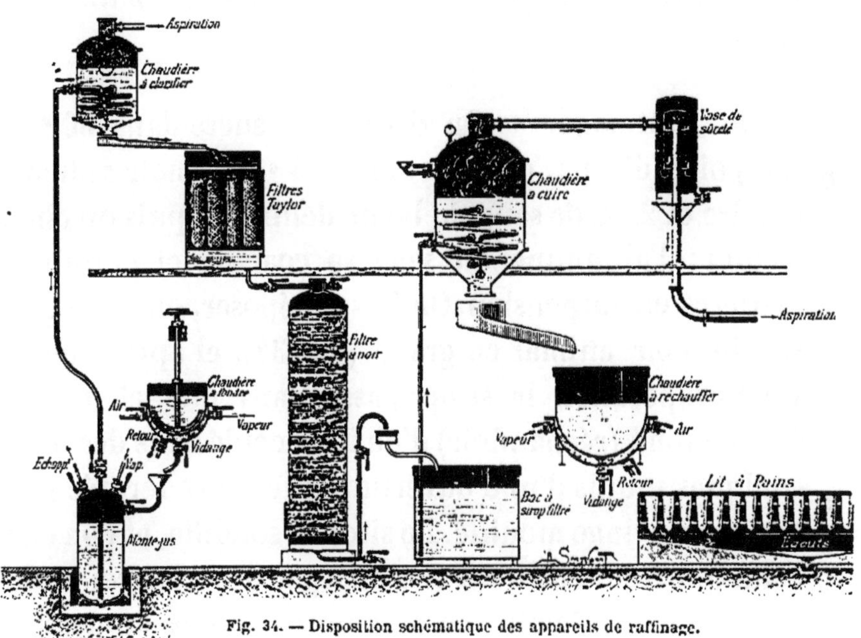

Fig. 34. — Disposition schématique des appareils de raffinage.

duit, est décomposé par le gaz carbonique. Le jus est ensuite décoloré par le noir animal, ou plutôt par filtration mécanique au travers de sacs de toile, puis cuit dans des chaudières où l'on raréfie l'air.

Les cristaux de sucre qui se déposent après une concentration suffisante sont blancs et presque purs ; les sucres de 2ᵉ et de 3ᵉ jet sont plus ou moins jaunes, et il faut les raffiner ; celui de 1ᵉʳ jet est ordinairement soumis aussi au raffinage, pour être transformé en *pains* agglomérés.

190. Raffinage. — On dissout le sucre dans 30 % de son poids d'eau ; on y ajoute 2 à 4 % de noir animal en poudre et 2 % de sang de bœuf défibriné, puis on chauffe le tout : l'albumine du sang se coagule et entraîne les matières en suspension. On laisse déposer, on filtre encore sur du noir animal en grains (*fig*. 34), et après une nouvelle évaporation le sirop passe dans une chaudière à double fond (réchauffoir) d'où il est coulé dans des moules coniques munis d'une ouverture inférieure fermée par un tampon de linge mouillé. Le sirop se solidifie, et l'on chasse celui qui reste entre les cristaux par des *claires* ou solutions de sucre de plus en plus pures versées au-dessus du pain, l'ouverture inférieure étant débouchée.

Quand la masse est prise, on ouvre la pointe des formes, que l'on peut mettre en communication avec une machine pneumatique pour aspirer le liquide non cristallisable. Enfin après cet *égouttage*, on sort les pains des formes et on les sèche à l'étuve vers 50°.

Au lieu de couler le sucre en pains, on verse le plus souvent aujourd'hui le sirop raffiné et cuit dans des formes cubiques, qui sont égouttées et claircées plus rapidement dans des turbines spéciales ; on obtient ainsi des plaquettes que l'on débite en morceaux réguliers plus commodes à ranger en boîtes. Ce procédé de raffinage a surtout l'avantage de diminuer beaucoup la durée des opérations, et par suite la quantité de matière en traitement, qui représente une avance de capitaux considérable.

Les liquides incristallisables ou mélasses peuvent encore fournir du sucre par différents procédés, ou servir à faire de l'alcool ; le résidu de leur distillation (*vinasses*) est employé pour la préparation de sels de potassium utilisés en agriculture (24).

191. Usages. — Le sucre est employé surtout dans l'alimentation ; pris en petite quantité, il favorise la digestion et contribue à l'assimilation des substances auxquelles il est mélangé ; entre les repas il diminue l'appétit ; en trop grande quantité, il peut amener des inflammations intestinales.

On l'emploie aussi pour conserver les fruits (confitures) ; c'est un antiseptique.

Le sucre paie un droit de 60^f par 100^{ks} qui représente plus du double de sa valeur réelle : il est beaucoup plus employé dans les pays où ce droit n'existe pas, en Angleterre, par exemple, où l'on en compose des rations pour les animaux.

192. Lactose ou sucre de lait, $C^{12}H^{22}O^{11}$. — Le sucre de lait se dépose en cristaux durs et jaunâtres quand on évapore le petit-lait après séparation de la caséine. Il cristallise avec une molécule d'eau. Il est très peu sucré. Il se dédouble en s'hydratant, comme le sucre, en glucose et galactose ; il peut alors fermenter en donnant de l'alcool ; c'est pourquoi le lait de vache ou de jument sert, chez certains peuples, à préparer des liqueurs alcooliques.

Amidon, $(C^6H^{10}O^5)^n$.

193. État naturel. — On comprend sous le nom d'amidon ou matière amylacée un grand nombre de substances qui se trouvent sous forme de petits grains ovoïdes dans une foule de plantes, et dans les organes les plus divers : racines (guimauve, carotte, rhubarbe), bulbes (tulipe), tubercules (pommes de terre, patates), tige (palmiers), fruits (châtaigniers, marronnier), graines (légumineuses, céréales).

194. Propriétés physiques. — Ces grains se colorent en bleu par l'*iode*, ce qui les caractérise ; la coloration bleue disparaît quand on les chauffe, et reparaît par refroidissement.

Fig. 35. — Grains d'amidon.
A, fécule de pomme de terre.
B, amidon du maïs.
C, amidon du froment.

On donne le nom d'*amidon* à la matière amylacée extraite des céréales et des légumineuses, et le nom de *fécule* à celle qu'on extrait de la pomme de terre.

L'amidon se présente sous forme de grains blancs elliptiques, de 0^{mm},002 à 0^{mm},185 suivant leur origine, et qui paraissent composés de plusieurs couches concentriques (*fig.* 35), se séparant et se déchirant quand on fait gonfler les grains dans l'eau chaude. L'amidon du riz ou du blé, formé de grains très petits (0^{mm},030 à 0^{mm},050), est doux au toucher ; la fécule, dont les grains sont plus gros (0^{mm},105 à 0^{mm},185,) est rugueuse, et ne s'agglomère pas en aiguilles comme l'amidon.

L'amidon est insoluble dans l'eau et l'alcool. Dans l'eau, à 60° les grains se gonflent et deviennent environ 30 fois plus volumineux, ils s'agglutinent en une masse presque transparente, gélatineuse, appelée *empois* ou colle d'amidon.

195. Propriétés chimiques. — Maintenu longtemps à 100° en présence de beaucoup d'eau, l'amidon se transforme en *amidon soluble*, qui bleuit aussi au contact de l'iode. A 160° l'amidon se transforme en *dextrine* soluble ; et au-dessus de 210°, la matière brunit, devient cassante et renferme du *glucose*. On peut encore transformer l'amidon en amidon soluble, dextrine, puis glucose, par l'action des *acides minéraux* étendus, ou de la *diastase* de l'orge germée ; c'est ainsi que pendant la germination des céréales et des graines amylacées, l'amidon se transforme en substances solubles propres au développement de la plante.

Les *alcalis* changent l'amidon en empois à la température ordinaire, et à l'ébullition, en dextrine.

L'amidon chauffé avec de l'*acide azotique* étendu donne de l'acide oxalique et des vapeurs nitreuses.

Avec les acides concentrés, il forme des combinaisons très complexes que l'on peut regarder comme des éthers.

196. Extraction de l'amidon. —On retire surtout l'amidon des grains de blé, de maïs, ou de riz.

Avec de la farine de blé et de l'eau, on fait une pâte épaisse qu'on malaxe sous un filet d'eau (*fig.* 36) ; il reste dans la main une masse grisâtre élastique, qui est du *gluten* ; l'eau dissout les matières solubles, sels, sucre, albumine, et entraîne l'amidon qui se dépose.

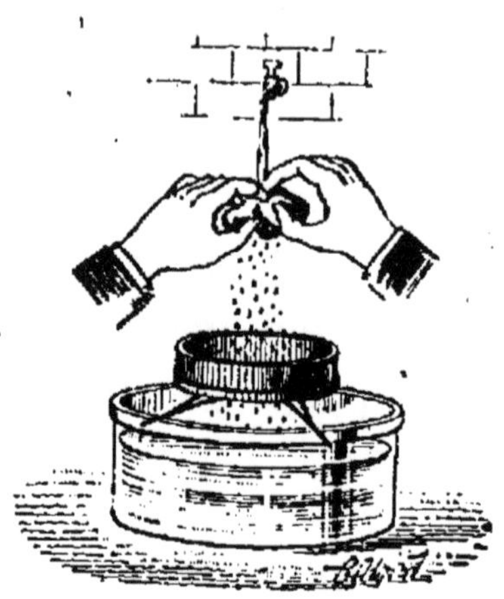

Fig. 36. — *Extraction de l'amidon de la farine.*

Dans l'industrie, la pâte est pétrie et lavée mécaniquement dans des auges dont le fond est formé de toile métallique.

L'amidon obtenu contient toujours du gluten entraîné, qui se décomposerait ensuite en altérant l'amidon ; on y ajoute quelques centièmes d'*eau sure*, provenant d'opérations antérieures, ce qui produit une fermentation détruisant le gluten. Au bout de quelques jours, on lave l'amidon, on l'égoutte sur des toiles et on le dessèche dans une étuve ; le retrait qu'il subit en séchant fait diviser la masse en prismes irréguliers, ou *amidon en aiguilles* ; cet amidon contient encore 18 %/₀ d'eau.

On peut préparer l'amidon en soumettant directement les grains moulus à la fermentation par les eaux sures ; le gluten se décompose en dégageant de l'ammoniaque, de l'acide sulfhydrique et d'autres produits infects ; les matières sucrées se transforment en alcool ; puis on lave et on sèche l'amidon comme dans le procédé précédent. Mais ce traitement, applicable aux farines avariées, a l'inconvénient de dégager des gaz fétides et très insalubres ; de plus, employé pour les farines de bonne qualité, il détruit le gluten, qui peut être utilisé pour faire les pâtes

d'Italie, le vermicelle, le macaroni, etc. et qui sert à faire
du pain pour les diabétiques.

Pour extraire l'amidon du riz ou du maïs, on traite leurs
farines par une solution de soude caustique au centième;
le gluten se dissout et l'amidon se dépose.

197. Extraction de la fécule. — La fécule se prépare en
râpant les pommes de terre, pour déchirer les cellules, et

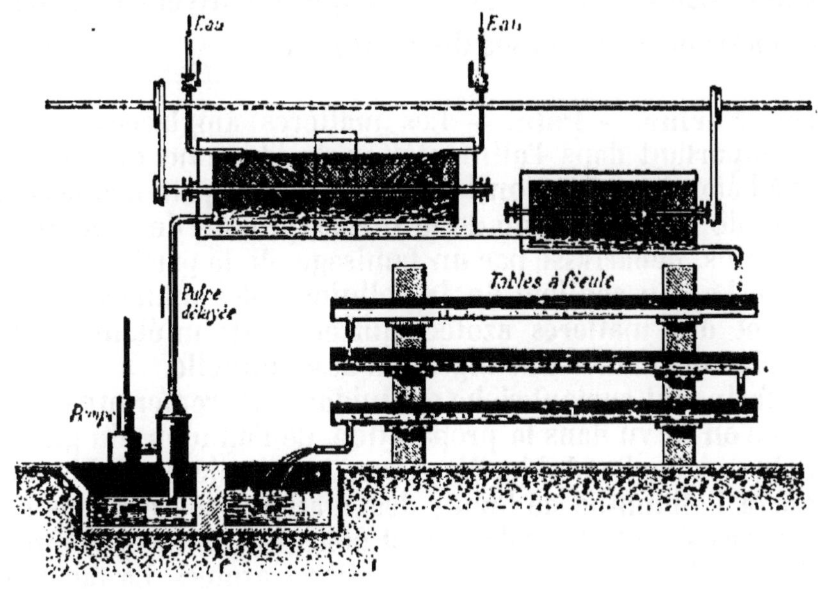

Fig. 37. — Préparation de la fécule.

lavant la pulpe sous un filet d'eau dans un cylindre tournant en toile métallique; l'eau entraîne la fécule à travers
un tamis qui retient les débris de cellules (*fig.* 37); la
fécule se dépose sur des tables légèrement inclinées. On la
soumet à des lavages méthodiques pour la séparer des
débris de cellules qu'elle a pu entraîner, puis on l'égoutte
sur du plâtre, et on la dessèche à l'étuve, dans un courant d'air dont la température ne dépasse pas 60°. La
pulpe qui reste à l'intérieur du cylindre sert à la nourriture
des bestiaux.

198. Usages. — L'amidon sert surtout à empeser le linge ; la fécule est employée pour préparer les dextrines et les glucoses, en économie domestique dans la préparation de certains gâteaux et de sauces, et en médecine pour faire des cataplasmes. Le *tapioca* est la fécule de la racine du manihot, qui se gonfle et s'agglomère en petites masses quand on la sèche sur des plaques chaudes ; le *sagou*, également employé dans l'alimentation, est une fécule extraite de la moelle de divers palmiers ; l'*arrow-root*, des racines du maranta.

199. Farine. — Pain. — Les matières amylacées ont un rôle important dans l'alimentation de l'homme, et c'est surtout à l'état de *pain* qu'on les consomme. Le pain tire ses propriétés de la composition de la *farine*, produit de la mouture des grains, débarrassé par un tamisage de la partie corticale ou *son*. Le son contient de la cellulose, des matières minérales et des matières azotées qui en font un élément très nourrissant, mais d'une digestion assez difficile.

La farine est surtout riche en amidon ; elle renferme encore comme on l'a vu dans la préparation de l'amidon, du gluten, matière azotée insoluble, élastique, une matière soluble analogue à l'albumine de l'œuf, des matières sucrées, des matières grasses et des sels ; c'est donc un aliment complet, mais insuffisamment riche en matières azotées. La farine de blé est d'un blanc mat, douce au toucher, et forme avec l'eau une pâte liante parce qu'elle contient plus de gluten que les autres ; les farines de seigle, d'orge, de riz, de maïs ne peuvent donner du pain semblable à celui de froment, parce qu'elles forment une pâte incapable de lever.

Pour faire le pain, on forme une pâte consistante avec de la farine, de l'eau (60 % environ), du sel, et de la levûre de bière ou du *levain*, pâte levée provenant d'une opération précédente. On divise la pâte, rendue bien homogène par le pétrissage, en pains, et on l'abandonne à elle-même au voisinage du four, dans des corbeilles garnies de toile qui lui donnent sa forme. Sous l'influence de la levûre, le glucose existant dans la farine et celui qui se produit dans la transformation de l'amidon fermentent ; il se forme de l'alcool et du gaz carbonique, qui se dégagent en bulles dans la pâte rendue plastique par le gluten, la soulèvent et la gonflent. On introduit la pâte levée dans des fours chauffés à 300°; elle augmente encore de volume par la dilatation des gaz ; la surface extérieure se durcit et brunit par la transformation du glucose en caramel, elle forme la croûte. La cuisson dure environ une demi-heure. Avec 100^{ks} de farine, on obtient 135^{ks} de pain.

Dextrine, $(C^6H^{10}O^5)^n$. — Gommes.

200. La *dextrine*, qui se forme quand l'amidon est soumis à l'action de la chaleur, de la diastase ou des acides étendus, est une substance jaunâtre, amorphe, incristallisable ; elle se dissout dans l'eau en donnant une sorte de gomme collante ; elle est insoluble dans l'alcool concentré.

La dextrine se colore faiblement en rouge fauve par l'iode ; elle ne fermente pas et ne réduit pas les sels métalliques.

Elle se transforme en glucose sous l'influence prolongée de la diastase ou des acides étendus.

La dextrine est employée pour remplacer les gommes dans les usages industriels, pour l'apprêt des tissus de coton, l'encollage du papier, la préparation de boissons mucilagineuses, et de bandes agglutinatives qui servent en chirurgie à maintenir les fractures.

201. Les *gommes* et les *mucilages* sont des substances incristallisables sécrétées par des végétaux ; elles ont la même composition que la dextrine, et se dissolvent dans l'eau ou se gonflent à son contact en formant une sorte de gelée transparente. Tels sont : la *gomme arabique*, produite par certains acacias d'Arabie et du Sénégal ; la *gomme de pays*, sécrétée par les cerisiers, pruniers, etc. d'Europe ; les *mucilages* contenus dans les graines de lin, de coing, les racines de guimauve.

Les gommes servent surtout en pharmacie pour préparer des pastilles, des sirops ; les mucilages sont employés comme émollients.

Les fruits mûrs, comme les poires, les pommes, et certaines racines comme la carotte, le navet contiennent une matière analogue aux gommes, la *pectine*, qui, sous l'action d'un ferment existant aussi dans les fruits, se transforme en acide pectique gélatineux. C'est sur cette transformation que repose la fabrication des gelées et des confitures.

Cellulose, $(C^{12}H^{20}O^{10})^n$.

202. La cellulose est la substance qui forme les parois des cellules et des fibres des végétaux ; chez les animaux on ne la trouve que chez les *tuniciers*. Elle se trouve presque à l'état de pureté dans la moelle de sureau, les cellules jeunes des végétaux, le coton, le vieux linge, le papier non collé. C'est une substance solide, blanche, de densité 1,5, insoluble dans tous les liquides sauf dans la *liqueur de Schweitzer*, solution d'hydrate de cuivre dans l'ammoniaque. La cellulose dissoute est précipitée de sa dissolution par un grand excès d'eau, ou un acide. Le papier non collé trempé dans l'acide sulfurique concentré, puis lavé aussitôt à grande eau, se transforme en hydrocellulose $C^{12}H^{20}O^{10},H^2O$, ou *parchemin végétal*, substance translucide, résistante, que l'on emploie au lieu du parchemin dont elle a l'aspect et la ténacité.

L'acide sulfurique concentré dissout la cellulose et la transforme après plusieurs heures en un glucose appelé sucre de chiffons.

L'acide azotique concentré et bouillant oxyde la cellulose et donne de l'acide oxalique et des vapeurs nitreuses ; mais par une action ménagée, il forme avec la cellulose de véritables éthers, dont les principaux sont la cellulose pentanitrée ou coton-poudre, et la cellulose tétranitrée qui sert à préparer le collodion.

203. Le *coton-poudre* $C^{12}H^{14}O^{5}(AzO^3)^5$ ou fulmi-coton conserve l'aspect du coton cardé avec lequel on le prépare, mais il est plus rude au toucher, et il est devenu insoluble dans la liqueur de Schweitzer ; il s'enflamme à 120° et brûle très rapidement, sans laisser de résidu, car tous les produits de sa combustion : eau, gaz carbonique, oxyde de carbone et azote sont gazeux. Comprimé, il forme un corps explosif détonant par le choc ou l'explosion d'une amorce, trop brisant pour remplacer la poudre dans les armes, mais employé pour les travaux de mines et les torpilles.

204. La *cellulose tétranitrée* $C^{12}H^{16}O^6(AzO^3)^4$ est insoluble dans l'alcool et l'éther, mais se dissout dans un mélange de 3 parties d'éther avec 1 partie d'alcool ; cette solution ou *collodion* versée en couche mince sur une surface plane s'évapore rapidement en laissant une pellicule transparente, imperméable à l'air, adhérente au corps sur lequel elle s'est formée, et insoluble dans l'eau.

On emploie le collodion en médecine pour recouvrir les plaies ; et en photographie pour recouvrir des plaques de verre d'une pellicule rendue sensible à la lumière par un sel d'argent ; il entre dans la composition de la mélinite et d'autres explosifs. Le collodion mélangé avec une solution alcoolique de camphre, puis séché et comprimé, donne le *celluloïd*, que l'on peut colorer et travailler très facilement mais qui est très inflammable et brûle sans faire explosion. Le celluloïd est employé pour imiter l'écaille, l'ivoire, l'ambre, et pour faire des cols, manchettes, etc. résistant aux lavages.

205. Bois ou ligneux. — Le bois est formé par un principe analogue à la cellulose mais insoluble dans la liqueur de Schweitzer, et imprégné de *lignine*, matière plus riche en carbone et hydrogène que la cellulose, qui la colore en brun ; les cellules du bois contiennent aussi souvent des résines, des matières minérales et des pigments colorés.

206. Papier. — C'est avec la cellulose constituant les fibres végétales que sont faits les tissus de lin, de chanvre et de coton, et le papier.

On a fabriqué pendant longtemps le papier exclusivement avec de vieux chiffons ; c'est encore de la sorte qu'on fait les papiers de luxe ou ceux qui doivent résister à l'épreuve du temps. Mais les papiers ordinaires sont faits avec les fibres de certaines plantes comme l'*alfa*, l'*aloès*, avec de la paille, et surtout avec du bois. D'immenses forêts ont été détruites en peu d'années pour alimenter l'industrie du papier, et aujourd'hui on redoute (en Norwège, notamment) les conséquences que ces déboisements excessifs ont sur le régime des eaux. Un autre très gros inconvénient de la fabrication du papier avec le bois est que les livres sont voués à une destruction dix fois plus rapide qu'autrefois ; mais, dans l'état actuel de la science, ce mal est sans remède : on entrevoit déjà le moment où les forêts ne suffiront plus à la fabrication des pâtes à papier ; à plus forte raison ne pourrait-on pas songer à trouver assez de chiffons pour faire face à l'immense consommation des fabriques de papier : une seule d'entre elles, en France, produit plus de 100.000 kilog. de papier par jour ; un seul journal en consomme 17.000 kilog. par jour.

Quand on se sert de chiffons pour faire le papier, on les lave dans une solution alcaline très étendue, puis à l'eau pure, on les effiloche au moyen de cylindres garnis de lames, puis on les blanchit par le chlore ou le chlorure de chaux. Ils forment alors une pâte homogène que l'on met en suspension dans l'eau. On plonge dans ce mélange un cadre en bois ou *forme*, sur lequel est tendue une toile métallique à mailles fines. L'eau filtre, et il reste sur le cadre une couche mince de pâte que l'on comprime entre deux étoffes humides et que l'on *colle* superficiellement, pour qu'elle n'absorbe pas l'encre, en la plongeant dans une solution d'alun ou de gélatine. Ce papier, dit *à la forme*, s'emploie surtout pour le papier timbré et le papier à dessin. On en fait quelquefois des livres de luxe, et on dit alors qu'ils sont imprimés sur *papier de Hollande*.

On fabrique plutôt aujourd'hui le papier par le procédé *à la mécanique* et on alimente les machines avec de la pâte de bois. La pâte à papier est versée sur une toile métallique sans fin soutenue et comme doublée par un feutre qui s'enroule sur des cylindres ; elle passe, quand elle est assez égouttée, entre des cylindres en fonte ou en cuivre, dont les derniers chauffés à la vapeur dessèchent complètement le papier. Le papier est ensuite collé superficiellement ; le plus souvent on le colle dans toute la masse en mettant un mélange d'empois d'amidon et de savon alumineux dans la pâte avant de la couler.

Le papier *buvard* est du papier qui n'a pas été collé.

207. Usages. — Le papier, outre ses usages très connus pour l'impression, l'écriture, le dessin, l'emballage, a reçu depuis quelque temps de nombreuses applications. Avec la pâte à papier comprimée, on obtient des imitations de cuir et de laques, très résistantes et incombustibles, dont on fait des plateaux, des coffrets et une foule d'articles de fantaisie. On se sert également du carton comprimé pour faire des moulures d'appartements et toutes sortes de pièces de décoration ; on en a fait en Amérique des disques de roues de wagons (qui ont l'avantage d'étouffer le bruit de la marche du train) ; on a même proposé d'en faire des canons. Enfin, bitumé et sablé, le carton comprimé est employé comme toiture de hangars et de wagons.

RÉSUMÉ DU CHAPITRE XV

Les *hydrates de carbone* sont des composés naturels dont la formule est $C^6(H^2O)^5$ ou $C^6(H^2O)^6$ ou un multiple de ces formules simples. Ils sont neutres et non volatils.

Les *glucoses* $C^6H^{12}O^6$ sont des aldéhydes et des alcools à la fois ; ils fermentent directement sous l'action de la levûre de bière.

Le *glucose* ordinaire existe dans les fruits, le miel ; il est solide, blanc, peu sucré ; par la chaleur, il se déshydrate et donne du caramel. L'acide azotique l'oxyde et le transforme en acide oxalique.

Le glucose réduit les sels métalliques ; avec les acides organiques, il donne des éthers ou glucosides.

On extrait le glucose du jus de raisin et du miel ; on le prépare, dans l'industrie, par l'action de la diastase ou de l'acide sulfurique très étendu sur l'amidon ou la fécule.

On emploie le glucose en confiserie, dans la préparation des liqueurs, de la bière et de l'alcool.

Les *saccharoses* $C^{12}H^{22}O^{11}$ résultent de la déshydratation de deux glucoses, et ne fermentent pas directement.

Le saccharose proprement dit ou *sucre ordinaire* existe dans la canne à sucre, la betterave, et un grand nombre de fruits. Il est blanc, cristallisé, insoluble dans l'alcool. Chauffé, il fond, puis se transforme en caramel et enfin en charbon poreux et pur.

Les acides étendus, l'action prolongée de la chaleur, ou l'invertine de la levûre le transforment, par hydratation, en un mélange de deux glucoses.

On extrait le sucre de la canne à sucre ou de la betterave, en purifiant à l'aide de la chaux le jus obtenu par diffusion, puis en concentrant ce jus à basse température et sous pression réduite. Les cristaux obtenus sont raffinés et le sucre est coulé en pains ou en plaquettes. Les liquides incristallisables ou mélasses peuvent encore donner de l'alcool et des sels de potassium.

Le sucre est employé dans l'alimentation.

L'*amidon* se rencontre en petits grains ovoïdes dans la plupart des végétaux ; il se colore en bleu par l'iode ; il est insoluble dans l'eau, mais se gonfle dans l'eau chaude (empois d'amidon). Par l'action prolongée de la chaleur, ou des acides étendus, ou de la diastase, il se transforme en dextrine, puis en glucose. On retire l'amidon des graines de céréales, en pétrissant sous un filet d'eau la farine réduite en pâte ; le résidu est du gluten.

La fécule est la matière amylacée des pommes de terre : elle est employée dans l'alimentation, ainsi que le tapioca, le sagou. L'amidon sert à empeser le linge ; on l'emploie en pharmacie, et dans la fabrication du glucose.

La *cellulose* forme les parois des cellules et des fibres végétales ; elle est presque pure dans la moelle de sureau, le coton et le papier ; elle se dissout dans la liqueur cupro-ammoniacale.

L'acide sulfurique la transforme en glucose; l'acide azotique, à chaud, en acide oxalique ; par une action ménagée, l'acide azotique donne avec la cellulose des éthers qui entrent dans la composition du fulmi-coton, du collodion, du celluloïd.

Le fulmi-coton est explosif et brûle sans résidu. Le collodion est utilisé en médecine et en photographie ; le celluloïd sert à imiter l'écaille, l'ivoire, le linge empesé.

CHAPITRE XVI

ALCALIS ORGANIQUES. — MATIÈRES ALBUMINÖIDES.

Alcalis organiques.

208. Les alcalis organiques sont des composés azotés jouant le rôle de bases; ils peuvent se combiner aux acides pour former des sels cristallisés.

On peut les diviser en deux groupes : les *amines* ou *ammoniaques composées*, dérivées des alcools ou des phénols et presque toutes artificielles ; et les *alcaloïdes*, composés plus complexes, ayant des fonctions multiples, et qu'on trouve dans la nature, surtout dans les végétaux.

Amines.

209. Les amines résultent de l'union de l'ammoniaque et des alcools ou des phénols avec élimination d'eau. *Ex.* :

$$C^2H^6.OH + AzH^3 = H^2O + AzH^2.C^2H^5.$$

alcool éthylique — éthylamine

On peut les considérer comme dérivant de l'ammoniaque par substitution de radicaux alcooliques à l'hydrogène, en tout ou en partie ; on peut avoir, en effet, une diéthylamine $AzH(C^2H^5)^2$ et une triéthylamine $Az(C^2H^5)^3$.

210. La plus importante des amines est l'*aniline* $AzH^2.C^6H^5$ ou phénylamine, liquide incolore, huileux, vénéneux, qui est l'amine correspondant au phénol ordinaire $C^6H^6.OH$. L'aniline est la base d'un grand nombre de matières colorantes de teintes très variées (rouge, violet, bleu, vert, noir, brun, etc.) et d'un pouvoir tinctorial très grand ; la plus connue est la fuchsine.

Les couleurs d'aniline tendent de plus en plus, à cause de leur faible prix de revient, à remplacer les matières colorantes naturelles (garance, cochenille, etc.) dans la teinture et l'impression des étoffes et des papiers peints.

Alcaloïdes.

211. Les alcaloïdes sont des alcalis naturels capables de neutraliser les acides les plus énergiques ; on les trouve surtout dans les végétaux, en combinaison avec des acides organiques ou avec le tannin, et constituant le plus souvent les principes auxquels certaines plantes doivent leurs propriétés médicinales.

Il peut en exister aussi dans le corps des animaux : *leucomaïnes*, ou s'en produire par la décomposition de leurs tissus : *ptomaïnes*; enfin, on a pu préparer par synthèse quelques *alcaloïdes artificiels*.

Les alcaloïdes se divisent en deux groupes : ceux qui sont formés seulement de carbone, d'hydrogène et d'azote, qui sont en général liquides et volatils; et ceux qui renferment en outre de l'oxygène, qui sont solides, cristallisables et fixes. Ils sont tous amers, peu solubles dans l'eau, plus solubles dans l'alcool et très toxiques.

212. Extraction. — On extrait les alcaloïdes naturels en faisant agir, sur les plantes qui les contiennent, soit une base forte qui s'unit aux acides organiques et met l'alcaloïde en liberté ; soit l'acide sulfurique étendu qui forme avec l'alcaloïde un sulfate soluble que l'on traite ensuite par la potasse ou la chaux pour isoler l'alcaloïde.

213. Principaux alcaloïdes végétaux. — La *nicotine* $C^{10}H^{14}Az^2$, qui s'extrait du tabac (solanée), est un liquide incolore, qui brunit à l'air; c'est un poison violent, qui agit surtout sur les centres nerveux; on l'emploie maintenant en agriculture pour détruire les pucerons qui épuisent parfois les plantes, et contre la gale des moutons.

L'*atropine* $C^{17}H^{23}AzO^3$, de l'atrope belladone (solanée) est un poison violent, dont le sulfate s'emploie pour dilater la pupille de l'œil, dans les opérations chirurgicales.

La *strychnine* $C^{21}H^{22}Az^2O^2$ se retire de la noix vomique et de diverses plantes de la famille des strychnées; c'est un poison violent qui, à la dose de quelques centigrammes, amène la mort par le tétanos, mais qu'on emploie en médecine à dose extrêmement faible pour stimuler la digestion.

La *morphine* $C^{17}H^{19}AzO^3$ est le plus important des alcaloïdes de l'*opium*, suc laiteux qui s'écoule des incisions faites à la capsule du pavot somnifère (papavéracée). La morphine est cristallisée, incolore; c'est un narcotique et un poison violent; on l'emploie surtout comme calmant, à l'état de chlorhydrate, en injections sous-cutanées à dose très faible.

La *cocaïne* $C^{17}H^{21}AzO^4$, extraite des feuilles du coca, arbrisseau de l'Amérique du Sud, est tonique et astringente à dose très faible; à plus haute dose elle est très employée aujourd'hui comme anesthésique local; c'est aussi un poison.

La *caféine* ou *théine*, qui existe dans le fruit du caféier (rubiacée), dans les feuilles du thé et les noix de la kola est tonique, astringente et favorise la digestion quand elle est prise à dose très faible; à plus haute dose, c'est un excitant du système nerveux qui peut devenir dangereux.

214. Quinine. — La quinine $C^{20}H^{24}Az^2O^2$ s'extrait de l'écorce des *cinchonas* ou *quinquinas* (rubiacées), qui sont originaires de l'Amérique du Sud et croissent surtout dans les Cordillères à une altitude de 1600 à 2500^m; on a acclimaté ces arbres à Java et dans les Indes.

La quinine est une poudre blanche, très amère, amorphe ou cristallisée, très peu soluble dans l'eau; c'est une base énergique, dont les sels sont fluorescents comme elle.

Le plus important de ces sels est le *sulfate basique de*

quinine $(C^{20}H^{24}Az^2O^2)^2SO^4H^2 + 7H^2O$, cristallisé en aiguilles fines et soyeuses, incolores, que l'on emploie beaucoup en médecine comme fébrifuge et contre les maladies nerveuses, à la dose de $0^{gr},25$ à 1^{gr} ; il produit des bourdonnements d'oreilles et des troubles dans la vision.

Le quinquina est aussi très employé comme tonique, sous forme de vin de quinquina. Pour préparer ce vin on fait macérer 30^{gr} de quinquina pulvérisé dans 60^{cc} d'eau-de-vie, pendant un jour ; puis on y ajoute un litre de vin de Bordeaux ou de Malaga, et après huit ou dix jours on filtre.

215. Les alcaloïdes animaux ou *leucomaïnes* sont peu nombreux ; on en trouve quelques-uns dans le sang, l'urine, etc. comme la *créatine*. Les leucomaïnes proviennent de la décomposition des matières albuminoïdes des cellules où la vie est active ; elles peuvent devenir dangereuses si elles s'accumulent dans les tissus, au lieu d'être éliminées par les reins.

Les *ptomaïnes* sont plus nombreuses ; elles se produisent dans la fermentation bactérienne ou putréfaction des tissus animaux, et se développent surtout dans les viandes altérées par le temps, le poisson, les fromages gâtés. Ce sont des poisons violents qui, même à la dose de quelques milligrammes, peuvent amener la mort. De là le danger des préparations de charcuterie mal faites ou faites avec des viandes avariées, des conserves de poissons ou autres qui restent ouvertes plusieurs jours, et d'une façon générale, de tous les aliments d'origine animale en voie de décomposition: gibier faisandé, etc. La cuisson diminue la proportion des ptomaïnes, mais sans les détruire complètement.

Matières albuminoïdes.

216. Propriétés générales. — Les matières albuminoïdes sont des substances azotées complexes, neutres, que l'on trouve dans les tissus et les liquides des êtres vivants, et qui ont pour type l'albumine du blanc d'œuf.

Elles peuvent être considérées comme des mélanges d'amides, c'est-à-dire de sels ammoniacaux ayant perdu une ou plusieurs molécules d'eau.

Les substances albuminoïdes existent généralement à l'état soluble dans l'organisme, et deviennent insolubles sous des actions diverses; desséchées, elles sont solides, amorphes, blanches ou jaunâtres, translucides ; elles n'ont ni odeur, ni saveur; elles se gonflent au contact de l'eau, et peuvent se dissoudre sous l'influence des acides et des alcalis ; l'alcool, les sels de plomb, de cuivre, les précipitent de leurs dissolutions.

Leur composition élémentaire est sensiblement la même ; elle diffère peu de :

Carbone	53,5 %
Hydrogène	6,9 —
Azote	15,6 —
Oxygène	22,4 —
Soufre	1,6 —

Chauffées fortement, elles se décomposent en laissant un résidu de charbon brillant et poreux, et dégageant de l'eau, des carbures d'hydrogène, et des produits ammoniacaux d'une odeur caractéristique. Les *acides* et les *alcalis* les détruisent; à l'air humide, elles subissent la *fermentation putride* et donnent du phénol et des ptomaïnes.

Les matières albuminoïdes se divisent en trois groupes : albumine, fibrine, caséine.

247. Albumine. — L'albumine en dissolution dans l'eau constitue la plus grande partie du blanc de l'œuf de poule ; elle se coagule entre 60° et 90° suivant que sa dissolution est concentrée ou très étendue d'eau ; elle forme alors une masse dure, blanche, opaque, insoluble dans l'eau, l'alcool et l'éther.

L'albumine se coagule encore sous l'action de l'alcool concentré, de l'acide azotique, de l'acide sulfurique ; avec les sels de plomb, de mercure, de cuivre, elle forme des combinaisons insolubles ; de là son emploi comme contre-poison du sublimé corrosif et du vert-de-gris. Elle sert aussi à coller le vin, parce qu'elle forme, en se coagulant sous l'action de l'alcool et du tannin, un réseau qui entraîne au fond des tonneaux toutes les matières en suspension dans le liquide.

218. Fibrine. — La fibrine se distingue de l'albumine en ce qu'elle se coagule, à l'air, en une masse blanche, fibreuse, élastique, qui devient dure et cassante en se desséchant. Elle se trouve surtout dans la partie liquide du sang, et c'est elle qui détermine la formation du caillot, en emprisonnant les globules, quand le sang arrive à l'air. On peut l'isoler en battant du sang frais avec un petit balai, sur lequel la fibrine s'attache sous forme de filaments qu'on lave ensuite à l'eau, à l'alcool et à l'éther pour la débarrasser des globules rouges et des matières grasses.

Elle est insoluble dans l'eau, l'alcool et l'éther, mais se dissout dans l'acide acétique et les alcalis.

Le plasma du sang contient, outre la fibrine, une autre substance albuminoïde, la *sérine*; celle-ci se rapproche plutôt de l'albumine dont elle ne diffère que parce qu'elle est directement assimilable, tandis que l'albumine, injectée dans les veines, est éliminée par les reins.

Une fibrine rapidement soluble dans l'acide chlorhydrique très étendu, constitue les fibres musculaires; on lui a donné le nom de *myosine.*

219. Caséine. — La caséine est la matière albuminoïde du lait, qui se coagule sous l'influence des acides en grumeaux blancs; on lave ces grumeaux à l'eau, puis à l'alcool et à l'éther pour avoir la caséine pure. Elle est insoluble dans l'eau, mais soluble dans les alcalis étendus; elle est précipitée de ses dissolutions non seulement par les acides, mais par l'alcool, par certains sels comme le chlorure de sodium, le sulfate de magnésium, et par la *présure,* ferment soluble sécrété par la muqueuse de l'estomac des veaux, que l'on emploie pour faire cailler le lait et préparer les fromages.

La caséine existe dans le lait en partie en dissolution, en partie en suspension. Pendant les chaleurs, ou plus lentement l'hiver, quand le lait est abandonné à lui-même, le sucre de lait qu'il contient fermente (239) sous l'action d'un mycoderme, et forme de l'acide lactique qui fait coaguler la caséine; le lait *tourne.*

On peut empêcher le lait de tourner en y ajoutant quelques

millièmes de carbonate de sodium ou de borax, qui saturent l'acide lactique et maintiennent l'alcalinité du lait; ou bien en le chauffant pendant 5 minutes à 110° en vase clos, et le conservant dans des bouteilles bien fermées : tous les germes de ferments ou de maladies sont tués, et le lait, *stérilisé*, peut se conserver très longtemps.

On trouve dans les graines des légumineuses, outre une albumine analogue à celle de l'œuf, une matière identique à la caséine du lait, et qui est la *caséine végétale* ou *légumine*.

Enfin il existe soit chez les animaux, soit dans les végétaux, des substances albuminoïdes qui peuvent être regardées comme des mélanges des espèces précédentes; ainsi la *vitelline* qui se trouve dissoute dans le jaune d'œuf, est formée d'albumine et de caséine; le *gluten*, qui reste après le lavage de la farine, est formé de caséine et de fibrine.

220. Peptones. — Les matières albuminoïdes constituent des aliments très nutritifs et indispensables à l'organisme pour réparer les pertes de produits azotés tels que l'urée, et permettre la formation de cellules nouvelles. Ces matières se transforment, par l'action de la *pepsine* ou ferment soluble du suc gastrique, en présence de petites quantités d'acide chlorhydrique ou d'acide lactique, en *peptones*, solubles dans l'eau, insolubles dans l'alcool; à chaque substance albuminoïde correspond une peptone particulière, mais toutes sont directement assimilables et leurs dissolutions ne se coagulent ni par les acides, ni par les alcalis.

221. Matières gélatineuses. — Ces matières n'existent pas toutes formées dans les tissus, mais résultent de la transformation de l'*osséine* et de quelques substances analogues, *peau, tendons, ligaments, cartilages*, sous l'action de l'eau bouillante ou chauffée en vase clos à 120°. Les matières gélatinisables et la *gélatine* ont une composition très voisine de celle des matières albuminoïdes, dont elles diffèrent surtout par l'absence de soufre.

222. Gélatine. —, La gélatine est solide, transparente, incolore et inodore quand elle est pure, comme la *colle de poisson* ou *ichtyocolle* que l'on retire de la vessie natatoire de l'esturgeon; elle est jaune et a une odeur désagréable quand elle est faite avec les débris de cornes, de peaux provenant des tanneries, comme la *colle forte*. On réserve le nom de *gélatine* à la substance que l'on extrait des os, soit en les débarrassant d'abord des matières minérales par l'acide chlorhydrique qui les dissout, soit en chauffant directement les os avec de l'eau en vase clos.

La gélatine se gonfle dans l'eau froide et se dissout dans l'eau chaude ; sa solution se prend en gelée par le refroidissement, dès qu'elle contient 3 % de gélatine.

Elle est précipitée par l'alcool, par le tannin qui forme avec elle un composé imputrescible (tannage des peaux), et par le chlorure mercurique. Les acides et les alcalis la dissolvent à froid.

223. Usages. — La colle forte s'emploie dans l'ébénisterie et la menuiserie ; la colle de poisson, très pure, sert à coller les vins et la bière, à préparer des gelées alimentaires ; à faire la colle à bouche ; on l'emploie aussi pour apprêter les étoffes de soie, les fleurs artificielles, les gazes, et dans la préparation des plaques photographiques.

RÉSUMÉ DU CHAPITRE XVI

Les *alcalis organiques* sont des composés azotés jouant le rôle de base ; ils comprennent les amines et les alcaloïdes.

Les *amines* résultent de l'union de l'ammoniaque et des alcools ou des phénols avec élimination d'eau.

La plus importante est l'*aniline* ou amine du phénol, liquide incolore, toxique, qui est la base d'un grand nombre de matières colorantes.

Les *alcaloïdes* se trouvent dans les végétaux en combinaison avec des acides organiques. Ce sont des bases fortes ; ils sont amers, solubles dans l'alcool et très toxiques. Ceux qui sont liquides ne renferment pas d'oxygène. Ils s'emploient le plus souvent en médecine, à dose très faible.

Les principaux sont : la *nicotine* du tabac, l'*atropine* de la belladone, la *strychnine* de la noix vomique, la *morphine* du pavot, la *cocaïne* du coca, la *caféine* du café et du thé, et la *quinine* du quinquina.

Les *matières albuminoïdes* sont des composés azotés, neutres, que l'on trouve dans les tissus des êtres vivants, et qui peuvent être considérés comme des mélanges d'amides. Elles ont pour type le blanc d'œuf ; les principales sont : l'*albumine* de l'œuf qui se coagule par la chaleur, la *fibrine* du sang qui se coagule à l'air, et la *caséine* du lait qui se coagule sous l'influence des acides.

La *gélatine* ou colle forte résulte de la transformation par l'eau bouillante des matières gélatinisables, dont la principale est l'osséine.

CHAPITRE XVII

FERMENTATIONS. — BOISSONS FERMENTÉES. — VINAIGRE

Fermentations.

224. On a observé depuis les temps les plus reculés que les jus sucrés, obtenus en écrasant des fruits comme le raisin, les pommes, abandonnés à eux-mêmes à une température de 15 à 20°, se couvrent d'une mousse due au dégagement de gaz carbonique, et que le sucre disparaît tandis qu'il se forme de l'alcool dans le liquide.

On a donné à cette transformation et aux transformations analogues de l'alcool en acide acétique, du glucose en acide lactique, etc., le nom de fermentations ; et les travaux de Pasteur ont montré qu'elles sont dues au développement, dans les composés qui se transforment, d'organismes microscopiques ou ferments. Ces ferments sont extrêmement nombreux ; apportés par l'air à l'état de spores, ils vivent et se multiplient avec une grande rapidité quand ils trouvent un milieu et des circonstances favorables à leur développement, et ils donnent lieu à la formation de produits très variés, et constants pour chaque espèce de ferment.

Les ferments sont détruits par les poisons, les antiseptiques, ou par une température supérieure à 100°. Les uns ne peuvent vivre qu'au contact de l'air (ferment acétique, etc.); d'autres, au contraire, sont tués par l'air (ferment butyrique, etc.); quelques-uns, comme les levûres, peuvent se développer à l'air mais ne jouent pas alors le rôle de ferments.

225. Ferments solubles. — Certaines fermentations peuvent s'effectuer sous l'action non de ferments figurés, c'est-à-dire vivants et de forme définie, mais de produits solubles dans l'eau, insolubles dans l'alcool, sécrétés par des ferments ou des cellules vivantes. Ainsi le sucre de canne s'hydrate et se transforme en glucose sous l'influence de l'*invertine* sécrétée par la levûre de bière; l'amidon subit la même transformation soit par l'invertine, soit par la *diastase* sécrétée par les graines des céréales au moment de la germination, ou par la *ptyaline*, qui existe dans la salive et qui est analogue à la diastase.

Toutes ces substances ont reçu le nom de ferments solubles ou de diastases; les poisons n'ont sur elles aucune action.

Fermentation alcoolique.

226. — La fermentation alcoolique est la transformation en alcool et gaz carbonique que subissent la plupart des glucoses sous l'influence de champignons microscopiques dont le plus commun est le *Saccharomyces cerevisiæ* ou *levûre de bière* (*fig.* 38).

La levûre de bière est formée de cellules ovoïdes groupées en chapelets, et se multipliant par bourgeonnement. Elle ne se développe que si elle trouve dans le liquide, outre le glucose

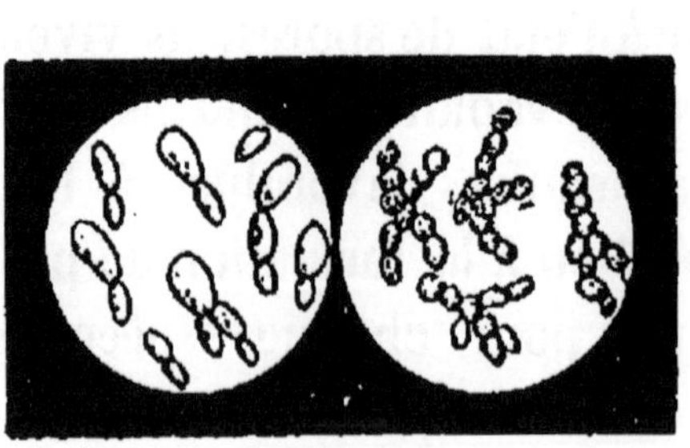

Fig. 38. — Levûre de bière.

loppe que si elle trouve dans le liquide, outre le glucose

auquel elle emprunte les éléments de la cellulose et
des matières grasses des nouveaux globules, des matières
azotées et minérales, surtout des phosphates.

Si ces matières, nécessaires à la constitution des cellules
n'existent pas, par exemple dans une solution de glucose
pur, il n'y a ni développement de la levûre, ni fermentation ; à moins qu'on n'ait introduit dans le liquide une
masse de levûre assez considérable pour renfermer, dans
ses cellules mortes, les matières nécessaires à la formation
de cellules nouvelles.

La levûre de bière ne joue le rôle de ferment qu'en se
développant à l'abri de l'air ; elle emprunte alors l'oxygène
au liquide dans lequel elle vit, et provoque le dédouble-
ment du glucose en alcool et gaz carbonique :

$$C^6H^{12}O^6 = 2C^2H^6O + 2CO^2,$$

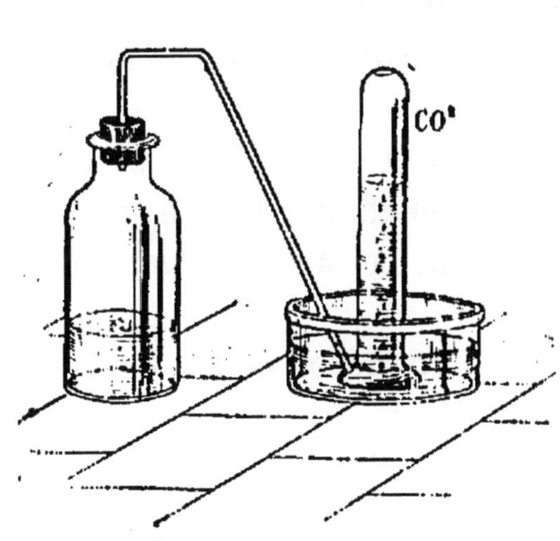

Fig. 39. — Fermentation alcoolique.

en même temps qu'une
partie du glucose dis-
paraît, employée à la
multiplication de la le-
vûre, qui augmente de
poids (*fig*. 39). Il se fait
en outre un peu de gly-
cérine $C^3H^8O^3$, d'acide
succinique $C^4H^6O^4$, et
des alcools homologues
supérieurs de l'alcool
éthylique.

Boissons fermentées.

227. La fermentation alcoolique des liquides contenant
du sucre, comme les jus de fruits, le lait, ou du glucose

provenant de l'amidon des céréales, produit les boissons fermentées, dont les principales sont le vin, le cidre, le poiré et la bière ; et les alcools d'industrie : alcools de grains, de pommes de terre, de betteraves.

228. Vin. — Le vin est le résultat de la fermentation du jus ou moût de raisin. Les raisins mûrs, foulés dans de grandes cuves, donnent un liquide renfermant du glucose, de l'albumine, des matières colorantes, des acides libres et des sels tels que le chlorure de sodium et le phosphate de calcium.

Ce moût abandonné dans les celliers à une température de 20° à 25°, fermente sous l'action des ferments qui se trouvaient sur les raisins au moment de la vendange ; le gaz carbonique entraîne avec lui la pulpe des grains et les grappes, qui forment à la surface une croûte ou *chapeau* ; quand la fermentation se ralentit, on brise le chapeau, et on agite la masse pour submerger de nouveau le ferment qui avait été soulevé.

Lorsque le bouillonnement a cessé, on soutire le vin dans des tonneaux où la fermentation s'achève, et dont la bonde doit rester ouverte pour permettre au gaz carbonique de se dégager.

Le vin s'éclaircit peu à peu en déposant au fond des tonneaux la *lie*, mélange de débris du ferment avec du bitartrate de potassium ou crème de tartre, et l'excès de matière colorante.

On soutire de nouveau le vin, puis on le colle avec du blanc d'œuf ou de la colle de poisson, qui en se coagulant sous l'action de l'alcool, entraîne les matières qui étaient encore en suspension dans le vin.

Les marcs, ou résidus des cuves de fermentation, fermentés puis distillés donnent l'eau-de-vie de marc.

229. Composition du vin. — Le vin est formé d'eau (80 °/₀ environ) contenant de l'alcool (5 à 20 °/₀), du tannin, provenant de la rafle de la grappe et des pépins, de la glycérine, de l'acide succinique, de l'acide acétique, des matières grasses, des sels ; des éthers qui lui donnent son bouquet, et une matière colorante rouge provenant de la pellicule du raisin.

Pour faire le *vin blanc*, on peut employer indifféremment des raisins blancs ou rouges ; mais dans ce dernier cas, on presse les raisins de façon à séparer le jus des pellicules avant la fermentation, car la matière colorante ne se dissout dans le jus que quand celui-ci contient de l'alcool.

Les vins blancs se conservent moins bien que les vins rouges, parce qu'ils contiennent moins de tannin, puisqu'ils ont été séparés plus vite de la rafle.

Les *vins mousseux*, comme le vin de Champagne, s'obtiennent en ajoutant au vin, en le mettant en bouteilles, de 3 à 5 °/₀ de sucre candi ; sous l'action du ferment qui existe encore dans le vin même clarifié, ce sucre donne de l'alcool et du gaz carbonique qui reste dissous dans le vin sous pression.

230. Cidre. — **Poiré.** — Le cidre est le liquide obtenu par la fermentation alcoolique du jus de pommes, et le poiré celui que donne le jus de poires. Les pommes, écrasées sous une meule, forment une pulpe qui est abandonnée à l'air pour recevoir des germes de ferment. Cette pulpe brunit peu à peu ; on la presse, et le jus est introduit dans de grandes cuves où il fermente ; on le soutire ensuite dans des tonneaux où la fermentation s'achève. Le cidre nouveau ou *cidre doux* mis en bouteilles, devient mousseux en gardant sa saveur sucrée ; mais laissé en tonneaux, il devient amer et acide par le développement d'autres ferments.

Le cidre et le poiré renferment de 4 à 9 % d'alcool ; les acides qu'ils contiennent les rendent légèrement débilitants.

231. Bière. — La bière provient de la fermentation alcoolique du glucose obtenu par la transformation de l'amidon de l'orge.

Fig. 40. — Orge germée.

On place l'orge humectée d'eau dans une sorte de cave ou *germoir* à une température de 15° ; l'orge germe, ce qui amène la formation de la *diastase*. Quand le germe a atteint une longueur suffisante (*fig*. 40), on arrête son développement en desséchant les grains dans des étuves à 80° appelées *touailles*. Les grains débarrassés des radicelles par tamisage et concassés forment le *malt*.

Le *brassage* ou *saccharification* se fait en brassant le

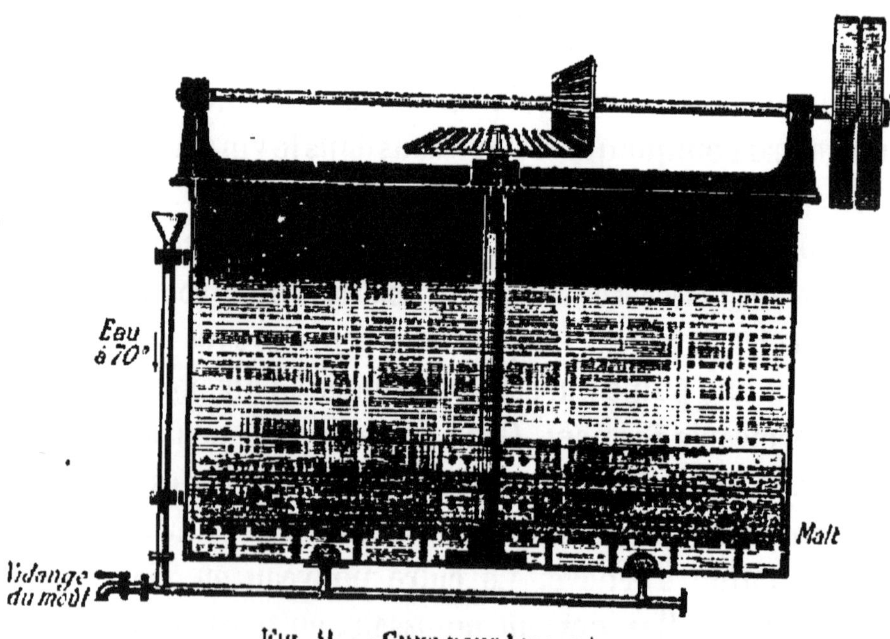

Fig. 41. — Cuve pour brasserie.

malt dans de l'eau à 70° et l'abandonnant à lui-même

pendant trois heures dans la cuve fermée (*fig.* 41) ;
la diastase transforme l'amidon en glucose qui se dissout
dans l'eau, ce qui constitue le *moût*. Le malt épuisé sert,
sous le nom de *drèche*, à la nourriture des bestiaux.

On chauffe le moût, soutiré dans des chaudières de cuivre, avec du houblon (*fig.* 42), qui communique à la bière une saveur amère et
agréable, en même temps qu'il aide à sa
conservation.

Le liquide houblonné, refroidi rapidement, est soumis dans de grandes cuves à
l'action de la *levûre de bière*, et la fermentation s'achève dans des tonneaux.

On comprime dans des sacs la mousse
qui s'échappe par les bondes ouvertes ;

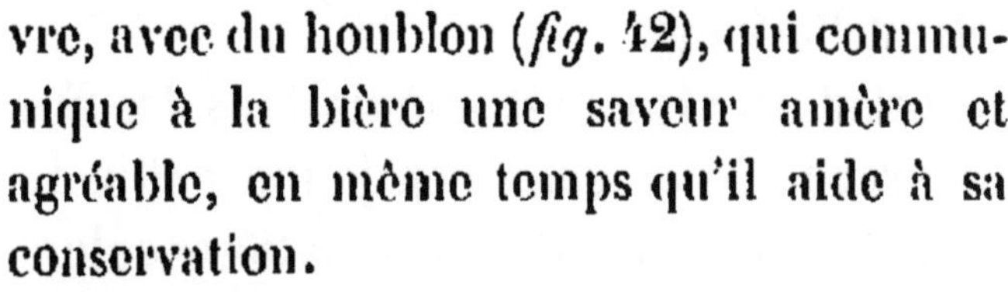

Fig. 42.—Houblon.

le résidu solide est la levûre de bière, employée pour
une nouvelle fermentation ou dans la fabrication du
pain.

On ajoute souvent au moût du glucose, du sirop de
fécule, des mélasses, pour augmenter la proportion
d'alcool.

232. Composition de la bière. — La bière est formée
d'eau contenant de l'alcool (2 à 8 %), de l'acide carbonique, des sels, du sucre, des matières albuminoïdes qui
la rendent très nourrissante ; c'est une boisson tonique et
rafraîchissante. Elle est très altérable, parce que la levûre
employée contient des germes de ferments étrangers qui
se développent quand la fermentation alcoolique est terminée. On peut éviter ces altérations en refroidissant le
moût houblonné à l'abri de l'air, et le faisant fermenter
sous l'action d'une levûre pure.

233. Alcools naturels. — Les matières alcooliques dites naturelles, comme le vin, le marc de raisin, les lies, le cidre, le poiré, les fruits broyés et fermentés (cerises, prunes, quetsches, etc.), fournissent par distillation un alcool plus ou moins parfumé dont le goût et l'odeur rappellent l'origine.

Quand cet alcool est soumis dans des fûts de chêne à un long repos, il se colore en jaune paille ou ambré en dissolvant le tannin et d'autres matières colorantes du chêne ; il prend également un goût particulier dû à une lente éthérification appelée *vieillissement*, qui lui donne une valeur marchande dépendant du choix des matières premières, du soin apporté à la distillation et de la provenance.

Ces alcools, amenés par addition d'eau pure à marquer de 40 à 50° Gay-Lussac, sont livrés à la consommation sous le nom d'*eaux-de-vie*. Parmi les plus estimées, il faut citer celles de *Cognac*, préparées avec des vins blancs charentais ; celles de l'*Armagnac* ; les eaux-de-vie de *marc de Bourgogne* ; les *Calvados*, provenant de certains cidres ; le *kirsch*, obtenu avec les cerises et les quetsches ; l'*hydromel*, avec le miel, etc.

Avec le jus et la mélasse de canne on fait le *rhum* et le *tafia*.

Ces eaux-de-vie, bien que naturelles, sont toutes nuisibles en raison des impuretés qu'elles contiennent (éthers, aldéhydes, alcools supérieurs, etc.) ; il faut donc en user avec une grande modération.

234. Alcools d'industrie. — Les alcools dits naturels ne pouvant suffire aux besoins de la consommation, on a dû avoir recours à la distillation des matières suivantes, préalablement fermentées : jus et mélasse de betterave, jus du topinambour, grains (maïs, seigle, orge, riz, etc.), pommes de terre et patates. L'amidon de ces céréales et la fécule de ces tubercules doivent d'abord être transformés en sucre fermentescible par l'action des acides ou du malt (diastase de l'orge germée).

On obtient ainsi un alcool brut ou *flegme*, au moins à 60°, présentant une odeur et un goût qui le rendent impropre à la consommation directe. Le flegme, chargé de matières étrangères, est très toxique; mais on le débarrasse complètement de ces produits par une distillation fractionnée qui s'opère dans des appareils complexes appelés *rectificateurs*. On obtient ainsi un alcool *bon goût*, parfaitement neutre, qu'on livre au commerce et à l'industrie à 96°. Cet alcool n'est pas toxique comme on le croit généralement.

Les alcools naturels peuvent être aussi rectifiés; celui de vin se prête surtout bien à cette opération.

Avec les alcools rectifiés, on fait des eaux-de-vie en fûts comme il a été dit plus haut; on force la coloration avec du caramel; on y ajoute des eaux-de-vie naturelles, etc.

Les alcools rectifiés servent également et en grande quantité à faire des liqueurs par addition d'essences, d'écorces de citron et d'orange, d'herbes (absinthe...), de genièvre, de colorants, etc.; ils deviennent alors toxiques, et par suite ces liqueurs sont dangereuses.

Fermentation acétique.

235. La fermentation acétique est la transformation de l'alcool ordinaire en acide acétique sous l'influence d'une bactérie, le *Mycoderma aceti* (*fig.* 43), qui vit au contact de l'air dont il fixe l'oxygène sur l'alcool, en donnant de l'eau et de l'acide acétique :

Fig. 43. — Mycoderme du vinaigre.

$$C^2H^6.OH + 2O = H^2O + C^2H^4O^2.$$

Ce mycoderme ne se développe qu'à l'air, et s'il trouve dans le liquide les matières azotées et les matières minérales dont il a besoin. S'il se développe trop rapidement, il oxyde aussi l'acide acétique et le transforme en eau et gaz carbonique :

$$C^2H^4O^2 + 4O = 2CO^2 + 2H^2O.$$

La fermentation acétique est la base de la préparation du vinaigre.

Vinaigre.

236. Procédé Pasteur. — Dans le *procédé orléanais*, modifié par Pasteur, pour faire le vinaigre on sème le mycoderme à la surface du vin placé dans des vases larges et plats ; le ferment se développe au contact de l'oxygène qu'il condense et dont il provoque la fixation sur l'alcool, et il forme à la surface du liquide une sorte de voile, appelé vulgairement *fleur* ou *mère du vinaigre*.

Des tubes sont disposés dans les vases de façon à pouvoir, sans rompre ce voile, soutirer une partie du vinaigre formé, et le remplacer par la même quantité de vin.

Si on submerge le mycoderme, l'oxydation s'arrête ; si la fermentation est trop rapide, l'oxydation est complète, et l'acide acétique se transforme en eau et gaz carbonique.

Le vinaigre obtenu par ce procédé est le meilleur, parce qu'il conserve les principes aromatiques du vin.

237. Procédé allemand. — Le procédé allemand, plus rapide que le précédent, donne du vinaigre de qualité inférieure. Dans de grands tonneaux (*fig. 44*), on dispose sur un double fond percé de trous, des copeaux de hêtre sur lesquels on a semé du mycoderme du vinaigre provenant d'une opération précédente. Au-dessus, se trouve une planche percée de trous imparfaitement bouchés par des ficelles; le vin, ou un liquide alcoolique versé sur cette planche, coule goutte à goutte le long des ficelles, sur les copeaux de hêtre; et comme des ouvertures à la partie inférieure du tonneau permettent la circulation de l'air dans toute la masse, l'oxydation est très rapide; le vinaigre se rassemble dans le compartiment inférieur, d'où on le soutire de temps en temps.

Le vinaigre ainsi obtenu, même préparé avec du vin, est moins bon que l'autre, parce que la rapidité de l'oxydation amène une élévation de température qui fait perdre une partie de l'alcool et des principes volatils du vin.

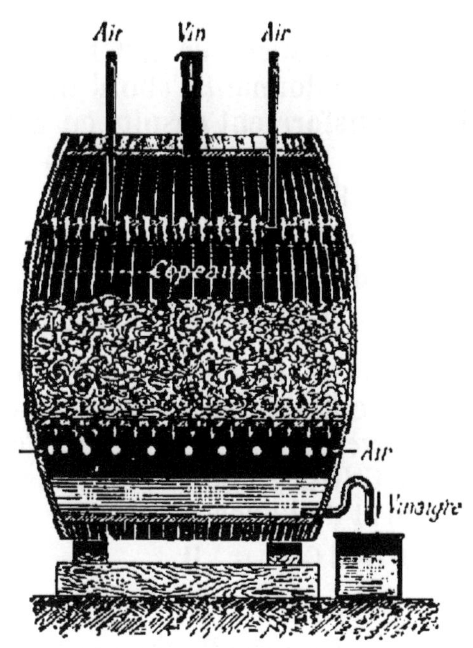

Fig. 44. — Procédé allemand.

238. Usages du vinaigre. — Le vinaigre est employé dans l'économie domestique, comme condiment, et pour faire des conserves (cornichons, câpres...). Pour être bon, il doit provenir du vin, avoir une odeur agréable, une couleur jaune fauve, être clair, limpide, et contenir en moyenne 7,5 °/₀ d'acide acétique. On le falsifie souvent en lui ajoutant des vinaigres de glucose ou de bois (154), ou même de l'acide chlorhydrique ou de l'acide sulfurique.

Le vinaigre est encore employé dans la préparation des vinaigres de toilette, de la céruse et de l'acétate de plomb.

Fermentations diverses.

239. Fermentation lactique. — Le sucre de lait fermente sous l'action du *Mycoderma lactis* en donnant d'abord un mélange de deux glucoses qui se transforment ensuite en acide lactique $C^3H^6O^3$:

$$C^6H^{12}O^6 = 2\,C^3H^6O^3.$$

C'est l'acide lactique provenant de cette fermentation qui détermine la coagulation du lait abandonné à l'air.

240. Fermentation butyrique. — Le glucose ou plutôt l'acide lactique formé par la fermentation précédente est décomposé par le *Bacillus amylobacter* qui vit à l'abri de l'air, et produit de l'acide butyrique $C^4H^8O^2$, liquide à odeur de beurre rance, du gaz carbonique et de l'hydrogène :

$$2\,C^3H^6O^3 = C^4H^8O^2 + 2\,CO^2 + 4\,H.$$

241. Fermentation putride. — On appelle fermentation putride, ou putréfaction, la décomposition accompagnée du dégagement de produits volatils des matières organiques azotées abandonnées à l'air.

L'existence du ferment de la putréfaction a été démontrée par Pasteur; ce ferment est une bactérie du genre *vibrion*, qui ne peut se développer qu'à l'abri de l'oxygène. Quand une substance organisée, lait, viande, etc., est exposée à l'air, elle ne subit donc la fermentation putride qu'après que d'autres bactéries, dont les germes existent aussi dans l'air, ont absorbé son oxygène.

Le vibrion de la putréfaction décompose alors les matières azotées, et fournit aux bactéries de la surface des produits qu'elles oxydent ; il se forme de l'eau, du gaz carbonique, du gaz ammoniac, de l'acide sulfhydrique : aussi la putréfaction est-elle accompagnée d'exhalaisons fétides.

Conservation des matières alimentaires.

242. Les méthodes employées pour la conservation des matières organiques sont la conséquence des expériences de Pasteur sur la putréfaction.

Cette décomposition est due au développement de ferments organisés dont les germes sont apportés par l'air : il faut donc, pour conserver les matières azotées, les placer dans des conditions telles que le développement de ces germes soit arrêté pendant un temps plus ou moins considérable, ou mieux encore que les germes soient détruits.

243. Arrêt de développement des germes. — On arrête le développement des ferments par le *froid* ou par la *dessication*, l'humidité et la chaleur étant indispensables à la vie.

On emploie la glace pour conserver le poisson, la viande ; et des moutons et des bœufs tués en Amérique ou en Australie peuvent être importés en Europe sans s'altérer, en les conservant dans des chambres où la température est maintenue à 3° seulement au-dessous de zéro, car il faut éviter la congélation qui désorganise les tissus.

Les germes de ferments qui peuvent se trouver dans ces substances ne sont cependant pas tués, car ils résistent souvent à l'action d'un froid de — 40° et même de — 100° ; leur activité n'est que suspendue, et ils se développent dès que le froid cesse ; aussi les aliments conservés par ce moyen doivent-ils être employés sitôt qu'on les retire des chambres frigorifiques.

La dessication s'applique surtout aux fruits : pruneaux, raisins, figues, et aux légumes qui peuvent se garder sans altération pendant des années, si on les met à l'abri de l'humidité. Elle peut être employée aussi pour les viandes, le poisson.

244. Destruction des germes. — La destruction des germes s'obtient par la *chaleur* ou par les *antiseptiques*. Une température de 100° est suffisante pour tuer la plupart des microbes, mais non pas leurs spores, qui résistent souvent jusqu'à 140° dans l'air sec. Dans un milieu humide, une température de 110° suffit pour détruire tous les germes ; c'est sur cette observation que reposent la stérilisation du lait et la fabrication des conserves de tous genres : poissons, viandes, légumes, fruits, par le *procédé Appert*. Les aliments à conserver sont introduits dans des boîtes en fer-blanc dont le couvercle est soudé ; on place ces boîtes dans un autoclave, récipient clos et résistant suffisamment rempli d'eau pour que toutes les boîtes soient immergées, et on chauffe l'eau sous pression à 125°.

245. Les *antiseptiques* sont des agents chimiques, qui tuent les germes et permettent de conserver très long-temps les composés organiques sans altération ; mais beaucoup d'entre eux étant des poisons, ne peuvent servir à conserver des matières alimentaires : tels sont le chlorure mercurique ou sublimé corrosif, le chlore, le gaz sulfureux, l'acide borique, le phénol, qui s'emploient surtout comme désinfectants. Les antiseptiques utilisés pour les conserves alimentaires sont : le *sel marin*, qui sert à la préparation des viandes, des poissons et de quelques légumes ; on y ajoute souvent l'action de la *créosote* contenue dans la fumée, comme dans la préparation des viandes fumées, jambons, harengs saurs, etc.

L'alcool est aussi un très bon antiseptique, employé surtout pour la conservation des fruits ; il sert encore à la conservation des pièces anatomiques.

246. Désinfectants. — Les procédés employés pour détruire les germes de la putréfaction peuvent servir aussi à tuer les germes dont le développement produit les maladies contagieuses, et par suite à désinfecter les chambres des malades ou les objets qui leur ont servi.

Les germes et les spores résistant à une température plus élevée dans l'air sec que dans un milieu humide, il faut porter au moins à 120° les objets : vêtements ou literie, que l'on veut désinfecter sans les mouiller.

L'eau bouillante et surtout la vapeur surchauffée sont des désinfectants énergiques.

Les lessives joignent à l'action de la chaleur celle de la soude et de la potasse contenues dans les savons, qui sont aussi des antiseptiques. La chaux vive et le badigeonnage à la chaux ont une action très puissante sur le microbe de la fièvre typhoïde, et aussi sur ceux de la diphtérie, du choléra et du charbon.

Les désinfectants les plus couramment employés sont l'acide phénique ou phénol (en solution de 2 à 5 %), et le sublimé ou bichlorure de mercure (en solution de 1/1000), qui a sur le précédent l'avantage d'être inodore, moins coûteux, et de se conserver presque indéfiniment.

Les essences de cannelle, de girofle, d'amandes amères, etc. émettent dès la température ordinaire des vapeurs qui détruisent la plupart des microbes, sans détériorer les objets sur lesquels elles agissent.

RÉSUMÉ DU CHAPITRE XVII

On appelle *fermentation* la transformation de certains composés organiques en produits constants sous l'influence d'organismes microscopiques ou ferments. Ces ferments existent dans l'air à l'état de spores, et se multiplient très vite quand ils trouvent un milieu favorable à leur développement.

On appelle *ferments solubles* des produits solubles sécrétés par des ferments ou des cellules vivantes et pouvant amener des transfor-mations analogues aux fermentations.

La *fermentation alcoolique* est la transformation des glucoses en alcool et gaz carbonique sous l'influence des levûres. Les levûres ne jouent le rôle de ferment qu'à l'abri de l'air, et si le liquide sucré contient les sels nécessaires à la multiplication de ses cellules.

Le *vin* résulte de la fermentation du jus de raisin, sous l'in-fluence des ferments qui se trouvent sur le raisin.

Après la fermentation dans les cuves, le vin est soutiré dans des tonneaux où il dépose la lie, puis soutiré de nouveau et collé. Le vin contient de 5 à 20 % d'alcool, du tannin, de la glycérine, des éthers et des matières colorantes.

Le *cidre* résulte de la fermentation du jus de pommes, et le *poiré* de celle du jus de poires ; ils renferment de 4 à 9 % d'alcool.

La *bière* provient de la fermentation du glucose résultant de la transformation de l'amidon de l'orge sous l'action de la diastase.

Le moût sucré, obtenu par le brassage du malt, est chauffé avec du houblon puis soumis à l'action de la levûre.

La bière renferme de 2 à 8 % d'alcool, de l'acide carbonique, des sels et des matières albuminoïdes. Elle est nourrissante et tonique, mais très altérable.

Les *alcools naturels* proviennent de la distillation de liquides fer-mentés : vin, cidre, bière, etc., ou de fruits fermentés : prunes, cerises, etc. En vieillissant dans des fûts de chêne, ils subissent une lente éthérification qui leur donne un goût particulier permettant de les vendre, après addition d'eau, sous le nom d'*eaux-de-vie*.

Les *alcools d'industrie* se préparent par la fermentation du glu-cose résultant de la transformation de l'amidon ou de la fécule provenant de grains (maïs, seigle, orge, riz, etc.), de betteraves, pommes de terre, etc. Ces alcools, bien rectifiés, ne sont pas toxi-ques. On en fait des eaux-de-vie, des liqueurs, etc.

La *fermentation acétique* est la transformation de l'alcool en acide acétique sous l'influence du *Mycoderma aceti*, ferment qui ne peut vivre qu'à l'air. Cette fermentation est la base de la préparation du vinaigre.

Dans le procédé orléanais modifié par Pasteur, le vin est trans-formé en vinaigre dans de grandes cuves plates. Dans le procédé allemand, l'acétification se fait dans des tonneaux à double fond contenant des copeaux, et le vin est souvent remplacé par d'autres liquides alcooliques. Le vinaigre contient de 7 à 10 % d'acide acétique; il sert dans l'alimentation et la parfumerie.

La *fermentation putride* est la décomposition, avec dégagement de gaz fétides, des matières organiques exposées à l'air. Elle est due à un vibrion qui ne se développe qu'à la suite de l'absorption de l'oxygène de la matière par des bactéries vivant à la surface.

Pour empêcher la putréfaction des matières alimentaires, on emploie le froid ou la dessication, qui arrêtent le développement des germes; la chaleur ou certains antiseptiques, non vénéneux (sel marin, créosote, alcool, etc.), qui tuent ces germes

Les mêmes procédés et les antiseptiques toxiques peuvent être employés comme désinfectants.

TABLE DES MATIÈRES (*)

MÉTAUX

(*) On a marqué d'un astérisque les matières qui ne font pas partie du programme officiel de l'Enseignement secondaire des jeunes filles.

CHIMIE ORGANIQUE

Documents manquants (pages, cahiers...)
NF Z 43-120-13